U0243937

"高等职业教育分析检验技术专业模块化系列教材"
编写委员会

主　任：李慧民

副主任：张　荣　王国民　马滕文

编　委（按拼音顺序排序）：

曹春梅	陈本寿	陈　斌	陈国靖	陈洪敏	陈小亮	陈　渝
陈　源	池雨芮	崔振伟	邓冬莉	邓治宇	刁银军	段正富
高小丽	龚　锋	韩玉花	何小丽	何勇平	胡　婕	胡　莉
黄力武	黄一波	黄永东	季建波	江志勇	姜思维	揭芳芳
黎　庆	李　芬	李慧民	李　乐	李岷轩	李启华	李希希
李　应	李珍义	廖权昌	林晓毅	刘利亚	刘筱琴	刘玉梅
龙晓虎	鲁　宁	路　蕴	罗　谧	马　健	马　双	马滕文
聂明靖	欧蜀云	欧永春	彭传友	彭华友	秦　源	冉柳霞
任莉萍	任章成	孙建华	谭建川	唐　君	唐淑贞	王　波
王　芳	王国民	王会强	王丽聪	王文斌	王晓刚	王　雨
韦莹莹	吴丽君	夏子乔	熊　凤	徐　溢	薛莉君	严　斌
杨　兵	杨静静	杨　沛	杨　迅	杨永杰	杨振宁	姚　远
易达成	易　莎	袁玉奎	曾祥燕	张华东	张进忠	张径舟
张　静	张　兰	张　雷	张　丽	张曼玲	张　荣	张潇丹
赵其燕	周柏丞	周卫平	朱明吉	左　磊		

高等职业教育分析检验技术专业模块化系列教材

职业健康安全与环境保护

陈洪敏　王会强　主编

李慧民　主审

化学工业出版社

·北京·

内容简介

本书是"高等职业教育分析检验技术专业模块化系列教材"的一个分册，包括 9 个模块，35 个学习单元，主要介绍危险化学品基础知识、化学事故应急救援、职业健康安全、环境污染与治理等知识。教材内容主要包括职业健康安全法律法规，危险化学品安全知识，化学药品灼伤、中毒预防与处理，实验室火灾与爆炸的预防及处理，化工生产安全技术，重大危险源与化学事故应急救援，职业健康，环境污染与处理，环境保护措施与可持续发展。在每个模块中，都安排了一定量的进度检查以及素质拓展阅读，供学生练习和掌握理论知识之用。

本书既可作为高等职业院校分析检验检测专业群教材，又可作为从事分析检验检测相关工作在职人员培训教材，还可作为相关人员的自学参考书。

图书在版编目（CIP）数据

职业健康安全与环境保护/陈洪敏，王会强主编 . 一北京：化学工业出版社，2023. 8

ISBN 978-7-122-43593-4

Ⅰ.①职⋯　Ⅱ.①陈⋯②王⋯　Ⅲ.①职业安全卫生②环境保护　Ⅳ.①X9②X

中国国家版本馆 CIP 数据核字（2023）第 099285 号

责任编辑：刘心怡　　　　　装帧设计：关　飞
责任校对：李露洁

出版发行：化学工业出版社
　　　　　（北京市东城区青年湖南街 13 号　邮政编码 100011）
印　　装：三河市延风印装有限公司
787mm×1092mm　1/16　印张 9½　彩插 1　字数 221 千字
2024 年 1 月北京第 1 版第 1 次印刷

购书咨询：010-64518888　　　售后服务：010-64518899
网　　址：http://www.cip.com.cn

凡购买本书，如有缺损质量问题，本社销售中心负责调换。

本书编写人员

主编： 陈洪敏　重庆化工职业学院

王会强　重庆化工职业学院

参编： 张　荣　重庆化工职业学院

张晓东　徐州工业职业技术学院

王　雨　重庆市安全生产科学研究有限公司

朱明吉　重庆市生态环境监测中心

鲁　宁　重庆科技学院

彭华友　秀山土家族苗族自治县职业教育中心

主审： 李慧民　重庆化工职业学院

序

根据《关于推动现代职业教育高质量发展的意见》和《国家职业教育改革实施方案》文件精神，为做好"三教"改革和配套教材的开发，在中国化工教育协会的领导下，全国石油和化工职业教育教学指导委员会分析检验类专业委员会具体组织指导下，由重庆化工职业学院牵头，依据学院二十多年教育教学改革研究与实践，在改革课题"高职工业分析与检验专业实施 MES（模块）教学模式研究"和"高职工业分析与检验专业校企联合人才培养模式改革试点"研究基础上，为建设高水平分析检验检测专业群，组织编写了分析检验技术专业活页式模块化系列教材。

本系列教材为适应职业教育教学改革，科学技术发展的需要，采用国际劳工组织（ILO）开发的模块式技能培训教学模式，依据职业岗位需求标准、工作过程，以系统论、控制论和信息论为理论基础，坚持技术技能为中心的课程改革，将"立德树人、课程思政"有机融合到教材中，将原有课程体系专业人才培养模式，改革为工学结合、校企合作的人才培养模式。

本系列教材分为 124 个模块、553 个学习单元，每个模块包含若干个学习单元，每个学习单元都有明确的"学习目标"和与其紧密对应的"进度检查"。"进度检查"题型多样、形式灵活。进度检查合格，本学习单元的学习目标即达到。对有技能训练的模块，都有该模块的技能考试内容及评分标准，考试合格，该模块学习任务完成，也就获得了一种或一项技能。分析检验检测专业群中的各专业，可以选择不同学习单元组合成为专业课部分教学内容。

根据课堂教学需要或岗位培训需要，可选择学习单元，进行教学内容设计与安排。每个学习单元旁的编号也便于教学内容顺序安排，具有使用的灵活性。

本系列教材可作高等职业院校分析检验检测专业群教材使用，也可作各行业相关分析检验检测技术人员培训教材使用，还可供各行业、企事业单位从事分析检验检测和管理工作的有关人员自学或参考。

本系列教材在编写过程中得到中国化工教育协会、全国石油和化工职业教育教学指导委员会、化学工业出版社的帮助和指导，参加教材编写的教师、研究员、工程师、技师有 103人，他们来自全国本科院校、职业院校、企事业单位、科研院所等 34 个单位，在此一并表示感谢。

张荣

2022 年 12 月

前言

本书是在中国化工教育协会领导下，全国石油和化工职业教育教学指导委员会分析检验类专业委员会具体组织指导下，由重庆化工职业学院牵头，组织全国职业院校教师、科研院所研究员、企业工程技术人员和高级技师等编写。

本教材由9个模块、35个学习单元组成，主要介绍职业健康安全知识及环境污染与治理的基础知识，包括职业健康安全法律法规，危险化学品安全知识，化学药品灼伤、中毒预防与处理，实验室火灾与爆炸的预防及处理，化工生产安全技术，重大危险源与化学事故应急救援，职业健康，环境污染与处理，环境保护措施与可持续发展等内容。本书编排层次分明、内容明确易懂，适用于高职高专化工、环境类各专业，也可为其他专业选修使用，还可供相关从业人员参考使用。通过学习单元前的学习目标可明确学习要求及知识点；进度检查安排在每个学习单元后面，可让学生及时进行知识点的巩固；素质拓展阅读扩展视野，作为教材的补充和延续，有机融入党的二十大精神。本教材能够帮助学习者掌握职业健康和环境保护的基本知识，希望学习者将这些知识在实际工作中加以运用。

本书由陈洪敏、王会强主编，李慧民主审。其中模块1由鲁宁、张荣、彭华友编写，模块2由王雨、王会强编写，模块3由王会强、张荣编写，模块4由王会强、张荣编写，模块5由张晓东、张荣、王会强编写，模块6由张荣、王会强编写，模块7由张荣、王会强编写，模块8由陈洪敏、朱明吉编写，模块9由陈洪敏、朱明吉编写，全书由陈洪敏统稿。

本书编写过程中参阅和引用了一些文献资料，在此向有关作者一并表示感谢。

由于编者水平和实际工作经验等方面的限制，书中难免有不妥之处，敬请读者和同行们批评指正。

编者

2022年10月

目录 ::::::

模块 1　职业健康安全法律法规

编号 FCJ-18-01

学习单元 1-1　职业安全法律法规

学习目标：在完成本单元学习之后，能够了解我国职业安全法规基本知识。
职业领域：化学、石油、环保、医药、冶金、食品等
工作范围：分析

一、安全生产法律体系构成

　　安全生产法律体系是指我国全部现行的、不同的安全生产法律规范形成的有机联系的统一整体。安全生产法律体系包括宪法、法律、法规、规章、标准等，为我国安全生产工作提供根本的法律保障。

　　（1）宪法　宪法是国家的根本大法，在法律体系中居于主导地位，是安全生产法律体系框架的最高层级。

　　（2）法律　国家现行的有关安全生产的专门法律有《中华人民共和国安全生产法》《中华人民共和国职业病防治法》《中华人民共和国消防法》《中华人民共和国特种设备安全法》等。与安全生产相关的法律有《中华人民共和国民法典》《中华人民共和国刑法》《中华人民共和国行政处罚法》《中华人民共和国突发事件应对法》《中华人民共和国劳动法》《中华人民共和国劳动合同法》等。

　　（3）法规　安全生产法规分为行政法规和地方性法规。国家现有的有安全生产行政法规有《危险化学品安全管理条例》《易制毒化学品管理条例》《使用有毒物品作业场所劳动保护条例》《工伤保险条例》《生产安全事故报告和调查处理条例》《生产安全事故应急条例》《安全生产许可证条例》等。安全生产地方性法规有《北京市安全生产条例》《重庆市安全生产条例》等。

　　（4）规章　安全生产行政规章分为部门规章和地方政府规章。

　　（5）安全生产标准　如《危险化学品企业特殊作业安全规范》（GB 30871—2022）、《化学品分类和危险性公示　通则》（GB 13690—2009）、《危险化学品重大危险源辨识》（GB 18218—2018）等。

　　（6）相关国际公约　如《作业场所安全使用化学品公约》（第 170 号国际公约）、《作业场所安全使用化学品建议书》（第 177 号建议书）和《鹿特丹公约》等。

二、主要相关法律法规

1.《中华人民共和国宪法》

　　《中华人民共和国宪法》是中华人民共和国的根本大法，规定拥有最高法律效力。宪法

有关安全生产方面的规定和原则是安全生产与健康工作的最高级法律规定。宪法第四十二条规定："中华人民共和国公民有劳动的权利和义务。国家通过各种途径，创造劳动就业条件，加强劳动保护，改善劳动条件，并在发展生产的基础上，提高劳动报酬和福利待遇。国家对就业前的公民进行必要的劳动就业训练。"宪法的这一规定，是生产经营单位安全生产与健康各项法规和各项工作的总的原则、总的指导思想和总的要求。宪法第四十三条规定："中华人民共和国劳动者有休息的权利。国家发展劳动者休息和休养的设施，规定职工的工作时间和休假制度。"这一规定的作用和意义有两个方面，一是劳动者的权利不容侵犯，二是通过建立劳动者的工作时间和休息休假制度，既保证劳动的工作时间，又保证劳动者的休息时间和休假时间，注意劳逸结合，禁止随意加班加点，以保持劳动者有充沛的精力进行劳动和工作，防止因疲劳过度而发生伤亡事故或造成积劳成病，防止职业病。宪法第四十八条规定："中华人民共和国妇女在政治的、经济的、文化的、社会的和家庭的生活等方面享有同男子平等的权利。国家保护妇女的权利和利益。"该条从各个方面充分肯定了我国广大妇女的地位，她们的权利和利益受到国家法律保护。

2. 《中华人民共和国安全生产法》

《中华人民共和国安全生产法》（简称《安全生产法》）于 2002 年 6 月 29 日第九届全国人民代表大会常务委员会第二十八次会议通过，经历 2009 年、2014 年、2021 年三次修正，新修订的《中华人民共和国安全生产法》自 2021 年 9 月 1 日起施行。《中华人民共和国安全生产法》共 7 章，包括总则、生产经营单位的安全生产保障、从业人员的安全生产权利义务、安全生产的监督管理、生产安全事故的应急救援与调查处理、法律责任和附则，适用于在中华人民共和国领域内从事生产经营活动的单位（统称生产经营单位）的安全生产。

《中华人民共和国安全生产法》是为了加强安全生产工作，防止和减少生产安全事故，保障人民群众生命和财产安全，促进经济社会持续健康发展而制定的。安全生产工作坚持中国共产党的领导。安全生产工作应当以人为本，坚持人民至上、生命至上，把保护人民生命安全摆在首位，树牢安全发展理念，坚持安全第一、预防为主、综合治理的方针，从源头上防范化解重大安全风险。安全生产工作实行管行业必须管安全、管业务必须管安全、管生产经营必须管安全，强化和落实生产经营单位主体责任与政府监管责任，建立生产经营单位负责、职工参与、政府监管、行业自律和社会监督的机制。

3. 《中华人民共和国职业病防治法》

《中华人民共和国职业病防治法》于 2001 年 10 月 27 日第九届全国人民代表大会常务委员会第二十四次会议通过，历经 2011 年、2016 年、2017 年、2018 年四次修正。《中华人民共和国职业病防治法》共有 7 章，包括总则、前期预防、劳动过程中的防护与管理、职业病诊断与职业病病人保障、监督检查、法律责任和附则，适用于在中华人民共和国领域内的职业病防治活动。

《中华人民共和国职业病防治法》是为了预防、控制和消除职业病危害，防治职业病，保护劳动者健康及其相关权益，促进经济社会发展而制定的。本法所称职业病，是指企业、事业单位和个体经济组织等用人单位的劳动者在职业活动中，接触粉尘、放射性物质和其他有毒、有害因素而引起的疾病。职业病防治工作坚持预防为主、防治结合的方针，建立用人单位负责、行政机关监管、行业自律、职工参与和社会监督的机制，实行分类管理、综合治理。劳动者依法享有职业卫生保护的权利。用人单位应当为劳动者创造符合国家职业卫生标准和卫生要求的工作环境和条件，并采取措施保障劳动者获得职业卫生保护。

4.《中华人民共和国消防法》

《中华人民共和国消防法》于 1998 年 4 月 29 日第九届全国人民代表大会常务委员会第二次会议通过，历经 2008 年修订，2019 年、2021 年二次修正，新修订的《中华人民共和国消防法》自 2021 年 4 月 29 日起施行。《中华人民共和国消防法》共 7 章，包括总则、火灾预防、消防组织、灭火救援、监督检查、法律责任和附则。

《中华人民共和国消防法》是为了预防火灾和减少火灾危害，加强应急救援工作，保护人身、财产安全，维护公共安全而制定的。消防工作贯彻预防为主、防消结合的方针，按照政府统一领导、部门依法监管、单位全面负责、公民积极参与的原则，实行消防安全责任制，建立健全社会化的消防工作网络。任何单位和个人都有维护消防安全、保护消防设施、预防火灾、报告火警的义务。任何单位和成年人都有参加有组织的灭火工作的义务。

5.《中华人民共和国特种设备安全法》

《中华人民共和国特种设备安全法》已由中华人民共和国第十二届全国人民代表大会常务委员会第三次会议于 2013 年 6 月 29 日通过，现予公布，自 2014 年 1 月 1 日起施行。《中华人民共和国特种设备安全法》共 7 章，包括总则，生产、经营、使用，检验、检测，监督管理，事故应急救援与调查处理，法律责任和附则，适用于特种设备的生产（包括设计、制造、安装、改造、修理）、经营、使用、检验、检测和特种设备安全的监督管理。

《中华人民共和国特种设备安全法》是为了加强特种设备安全工作，预防特种设备事故，保障人身和财产安全，促进经济社会发展而制定的。本法所称特种设备，是指对人身和财产安全有较大危险性的锅炉、压力容器（含气瓶）、压力管道、电梯、起重机械、客运索道、大型游乐设施、场（厂）内专用机动车辆，以及法律、行政法规规定适用本法的其他特种设备。国家对特种设备实行目录管理。特种设备目录由国务院负责特种设备安全监督管理的部门制定，报国务院批准后执行。特种设备安全工作应当坚持安全第一、预防为主、节能环保、综合治理的原则。国家对特种设备的生产、经营、使用，实施分类的、全过程的安全监督管理。

6.《中华人民共和国民法典》

2020 年 5 月 28 日，十三届全国人大三次会议表决通过了《中华人民共和国民法典》，自 2021 年 1 月 1 日起施行。《中华人民共和国民法典》共 7 编、1260 条，各编依次为总则、物权、合同、人格权、婚姻家庭、继承、侵权责任，以及附则。通篇贯穿以人民为中心的发展思想，着眼满足人民对美好生活的需要，对公民的人身权、财产权、人格权等作出明确翔实的规定，并规定侵权责任，明确权利受到削弱、减损、侵害时的请求权和救济权等，体现了对人民权利的充分保障，被誉为"新时代人民权利的宣言书"。《中华人民共和国民法典》几乎囊括了所有民事活动，所以被称为"社会生活的百科全书"，是新中国第一部以法典命名的法律，在法律体系中居于基础性地位，也是市场经济的基本法。

7.《危险化学品安全管理条例》

《危险化学品安全管理条例》于 2002 年 1 月 26 日中华人民共和国国务院令第 344 号公布，历经 2011 年、2013 年两次修订。本条例共 8 章，包括总则，生产、储存安全，使用安全，经营安全，运输安全，危险化学品登记与事故应急救援，法律责任和附则，适用于危险化学品生产、储存、使用、经营和运输的安全管理。

《危险化学品安全管理条例》是为了加强危险化学品的安全管理，预防和减少危险化学品事故，保障人民群众生命财产安全，保护环境而制定的。危险化学品安全管理，应当坚持安全第一、预防为主、综合治理的方针，强化和落实企业的主体责任。生产、储存、使用、经营、运输危险化学品的单位（以下统称危险化学品单位）的主要负责人对本单位的危险化学品安全管理工作全面负责。危险化学品单位应当具备法律、行政法规规定和国家标准、行业标准要求的安全条件，建立、健全安全管理规章制度和岗位安全责任制度，对从业人员进行安全教育、法制教育和岗位技术培训。从业人员应当接受教育和培训，考核合格后上岗作业；对有资格要求的岗位，应当配备依法取得相应资格的人员。任何单位和个人不得生产、经营、使用国家禁止生产、经营、使用的危险化学品。国家对危险化学品的使用有限制性规定的，任何单位和个人不得违反限制性规定使用危险化学品。

8. 《易制毒化学品管理条例》

《易制毒化学品管理条例》于 2005 年 8 月 26 日中华人民共和国国务院令第 445 号公布，历经 2014 年、2016 年、2018 年三次修订。本条例共 8 章，包括总则，生产、经营管理，购买管理，运输管理，进口、出口管理，监督检查，法律责任和附则。

《易制毒化学品管理条例》是为了加强易制毒化学品管理，规范易制毒化学品的生产、经营、购买、运输和进口、出口行为，防止易制毒化学品被用于制造毒品，维护经济和社会秩序而制定的。国家对易制毒化学品的生产、经营、购买、运输和进口、出口实行分类管理和许可制度。易制毒化学品的生产、经营、购买、运输和进口、出口，除应当遵守本条例的规定外，属于药品和危险化学品的，还应当遵守法律、其他行政法规对药品和危险化学品的有关规定。禁止走私或者非法生产、经营、购买、转让、运输易制毒化学品。禁止使用现金或者实物进行易制毒化学品交易。但是，个人合法购买第一类中的药品类易制毒化学品药品制剂和第三类易制毒化学品的除外。生产、经营、购买、运输和进口、出口易制毒化学品的单位，应当建立单位内部易制毒化学品管理制度。

9. 《使用有毒物品作业场所劳动保护条例》

《使用有毒物品作业场所劳动保护条例》于 2002 年 5 月 12 日中华人民共和国国务院令第 352 号公布，自公布之日起施行。本条例共 8 章，包括总则、作业场所的预防措施、劳动过程的防护、职业健康监护、劳动者的权利与义务、监督管理、罚则和附则，适用于作业场所使用有毒物品可能产生职业中毒危害的劳动保护。

《使用有毒物品作业场所劳动保护条例》是为了保证作业场所安全使用有毒物品，预防、控制和消除职业中毒危害，保护劳动者的生命安全、身体健康及其相关权益而制定的。从事使用有毒物品作业的用人单位（简称用人单位）应当使用符合国家标准的有毒物品，不得在作业场所使用国家明令禁止使用的有毒物品或者使用不符合国家标准的有毒物品。用人单位应当尽可能使用无毒物品；需要使用有毒物品的，应当优先选择使用低毒物品。用人单位应当依照本条例和其他有关法律、行政法规的规定，采取有效的防护措施，预防职业中毒事故的发生，依法参加工伤保险，保障劳动者的生命安全和身体健康。禁止使用童工。用人单位不得安排未成年人和孕期、哺乳期的女职工从事使用有毒物品的作业。

10. 《工伤保险条例》

《工伤保险条例》于 2003 年 4 月 27 日中华人民共和国国务院令第 375 号公布，根据 2010 年 12 月 20 日《国务院关于修改〈工伤保险条例〉的决定》进行修订，新修订的《工伤保险条例》自 2011 年 1 月 1 日起施行。本条例共 8 章，包括总则、工伤保险基金、工伤认定、劳动能力鉴定、工伤保险待遇、监督管理、法律责任和附则。

《工伤保险条例》是为了保障因工作遭受事故伤害或者患职业病的职工获得医疗救治和经济补偿，促进工伤预防和职业康复，分散用人单位的工伤风险而制定的。中华人民共和国境内的企业、事业单位、社会团体、民办非企业单位、基金会、律师事务所、会计师事务所等组织和有雇工的个体工商户（以下称用人单位）应当依照本条例规定参加工伤保险，为本单位全部职工或者雇工（以下称职工）缴纳工伤保险费。用人单位和职工应当遵守有关安全生产和职业病防治的法律法规，执行安全卫生规程和标准，预防工伤事故发生，避免和减少职业病危害。职工发生工伤时，用人单位应当采取措施使工伤职工得到及时救治。

职工有下列情形之一的，应当认定为工伤：

① 在工作时间和工作场所内，因工作原因受到事故伤害的；

② 工作时间前后在工作场所内，从事与工作有关的预备性或者收尾性工作受到事故伤害的；

③ 在工作时间和工作场所内，因履行工作职责受到暴力等意外伤害的；

④ 患职业病的；

⑤ 因工外出期间，由于工作原因受到伤害或者发生事故下落不明的；

⑥ 在上下班途中，受到非本人主要责任的交通事故或者城市轨道交通、客运轮渡、火车事故伤害的；

⑦ 法律、行政法规规定应当认定为工伤的其他情形。

职工有下列情形之一的，视同工伤：

① 在工作时间和工作岗位，突发疾病死亡或者在 48 小时之内经抢救无效死亡的；

② 在抢险救灾等维护国家利益、公共利益活动中受到伤害的；

③ 职工原在军队服役，因战、因公负伤致残，已取得革命伤残军人证，到用人单位后旧伤复发的。

职工有下列情形之一的，不得认定为工伤或者视同工伤：

① 故意犯罪的；

② 醉酒或者吸毒的；

③ 自残或者自杀的。

11. 《生产安全事故报告和调查处理条例》

《生产安全事故报告和调查处理条例》于 2007 年 4 月 9 日中华人民共和国国务院令第 493 号公布，自 2007 年 6 月 1 日起施行。本条例共 6 章，包括总则、事故报告、事故调查、事故处理、法律责任和附则，适用于生产经营活动中发生的造成人身伤亡或者直接经济损失的生产安全事故的报告和调查处理。

《生产安全事故报告和调查处理条例》是为了规范生产安全事故的报告和调查处理，落实生产安全事故责任追究制度，防止和减少生产安全事故而制定的。事故报告应当及时、准确、完整，任何单位和个人对事故不得迟报、漏报、谎报或者瞒报。事故调查处理应当坚持实事求是、尊重科学的原则，及时、准确地查清事故经过、事故原因和事故损失，查明事故性质，认定事故责任，总结事故教训，提出整改措施，并对事故责任者依法追究责任。任何单位和个人不得阻挠和干涉对事故的报告和依法调查处理。

12. 《生产安全事故应急条例》

《生产安全事故应急条例》于2018年12月5日中华人民共和国国务院令第708号公布，自2019年4月1日起施行。本条例共5章，包括总则、应急准备、应急救援、法律责任和附则，适用于生产安全事故应急工作。

《生产安全事故应急条例》是为了规范生产安全事故应急工作，保障人民群众生命和财产安全而制定的。国务院统一领导全国的生产安全事故应急工作，县级以上地方人民政府统一领导本行政区域内的生产安全事故应急工作。生产安全事故应急工作涉及两个以上行政区域的，由有关行政区域共同的上一级人民政府负责，或者由各有关行政区域的上一级人民政府共同负责。县级以上人民政府应急管理部门和其他对有关行业、领域的安全生产工作实施监督管理的部门（以下统称负有安全生产监督管理职责的部门）在各自职责范围内，做好有关行业、领域的生产安全事故应急工作。县级以上人民政府应急管理部门指导、协调本级人民政府其他负有安全生产监督管理职责的部门和下级人民政府的生产安全事故应急工作。乡、镇人民政府以及街道办事处等地方人民政府派出机关应当协助上级人民政府有关部门依法履行生产安全事故应急工作职责。生产经营单位应当加强生产安全事故应急工作，建立、健全生产安全事故应急工作责任制，其主要负责人对本单位的生产安全事故应急工作全面负责。

进度检查

一、选择题

1. 下列规范性文件，属于法律的是（　　　）。

A. 《安全生产法》

B. 《生产安全事故报告和调查处理条例》

C. 《危险化学品安全管理条例》

D. 《生产安全事故应急条例》

2. 下列文件不属于国际公约的是（　　　）。

A. 《作业场所安全使用化学品公约》

B. 《作业场所安全使用化学品建议书》

C. 《鹿特丹公约》

D. 《职业病防治法》

二、判断题

1. 任何单位和个人对事故不得迟报、漏报、谎报或者瞒报。（　　　）

2. 工作时间前后在工作场所内，从事与工作有关的预备性或者收尾性工作受到事故伤害的，不认定为工伤。（　　　）

3. 任何单位和个人都有维护消防安全、保护消防设施、预防火灾、报告火警的义务。

（　　）

三、简答题

1. 我国安全生产相关法律法规有哪些？

2. 我国的安全生产方针是什么？

学习单元 1-2　从业人员安全生产权利和义务

学习目标：在完成本单元学习之后，能够熟悉从业人员安全生产权利和义务。

职业领域：化学、石油、环保、医药、冶金、食品等

工作范围：分析

《安全生产法》第六条规定，生产经营单位的从业人员有依法获得安全生产保障的权利，并应当依法履行安全生产方面的义务。

一、从业人员的安全生产权利

党和国家历来重视生产经营单位从业人员的安全生产权利。《安全生产法》主要规定了各类从业人员必须享有的有关安全生产和人身安全的最重要、最基本的权利。这些基本安全生产权利，可以概括为以下五项：

1. 获得安全保障、工伤保险和民事赔偿权

《安全生产法》第五十一条规定，生产经营单位必须依法参加工伤保险，为从业人员缴纳保险费。

《安全生产法》第五十二条规定，生产经营单位与从业人员订立的劳动合同，应当载明有关保障从业人员劳动安全、防止职业危害的事项，以及依法为从业人员办理工伤保险的事项。生产经营单位不得以任何形式与从业人员订立协议，免除或者减轻其对从业人员因生产安全事故伤亡依法应承担的责任。

《安全生产法》第五十六条规定，因生产安全事故受到损害的从业人员，除依法享有工伤保险外，依照有关民事法律尚有获得赔偿的权利的，有权提出赔偿要求。

从业人员在生产经营作业过程中是否依法获得安全保障、工伤保险和民事赔偿的权利，是与从业人员切身利益最为相关的问题。《安全生产法》赋予从业人员这项权利并保证其行使，可以看出《安全生产法》对于从业人员安全生产权利保护的重要程度。

2. 知情权、建议权

《安全生产法》第五十三条规定，生产经营单位的从业人员有权了解其作业场所和工作岗位存在的危险因素、防范措施及事故应急措施，有权对本单位的安全生产工作提出建议。

生产经营单位的从业人员对于劳动安全的知情权，与从业人员的生命安全和身体健康关系密切，是保护从业人员生命安全和身体健康的重要前提。生产经营单位有义务告知危险因素、防范措施及事故应急措施。从业人员尤其是工作在基层一线的人员，对于如何保证安全生产最了解，也最有发言权，有权利对本单位安全生产提出意见和建议。

3. 批评、检举和控告权

《安全生产法》第五十四条规定，从业人员有权对本单位安全生产工作中存在的问题提出批评、检举、控告。

从业人员是生产经营活动的直接承担者，也是生产经营活动中各种危险的直接面对者，它们对安全生产情况和安全管理中的问题最了解、最熟悉，具有他人不能替代的作用。只有依靠他们并且赋予必要的安全监督权和自我保护权，才能做到预防为主，防患于未然，保证企业安全生产。《安全生产法》规定的从业人员的检举控告权，有利于对违法行为做出处理，保障安全生产。

4. 拒绝违章指挥和强令冒险作业权

《安全生产法》第五十四条规定，从业人员有权对本单位安全生产工作中存在的问题提出批评、检举、控告；有权拒绝违章指挥和强令冒险作业。生产经营单位不得因从业人员对本单位安全生产工作提出批评、检举、控告或者拒绝违章指挥、强令冒险作业而降低其工资、福利等待遇或者解除与其订立的劳动合同。

《安全生产法》赋予从业人员拒绝违章指挥和强令冒险作业的权利，不仅是为了保障从业人员的人身安全，也是为了警示生产经营单位负责人和管理人员，必须照章指挥，保障安全，并且不得因从业人员拒绝违章指挥和强令冒险作业而对其进行打击报复。

5. 紧急情况下的停止作业和紧急撤离权

《安全生产法》第五十五条规定，从业人员发现直接危及人身安全的紧急情况时，有权停止作业或者在采取可能的应急措施后撤离作业场所。生产经营单位不得因从业人员在前款紧急情况下停止作业或者采取紧急撤离措施而降低其工资、福利等待遇或者解除与其订立的劳动合同。

由于生产经营单位工作场所存在不可避免的自然和人为的危险因素，这些危险因素将会或者可能会对从业人员造成人身伤害。安全生产法赋予从业人员享有停止作业和紧急撤离的权利，因为最大程度地保护现场作业人员的生命安全是第一位的。"从业人员发现直接危及人身安全的紧急情况"，这是从业人员行使紧急撤离权的前提条件，也就是说从业人员紧急撤离权，需要在法律所限定的特定情况下行使。

二、从业人员的安全生产义务

作为法律关系内容的权利和义务是对等的，没有无权利的义务，也没有无义务的权利。《安全生产法》赋予生产经营单位从业人员诸多安全生产权利保障的同时，也规定了从业人员应当履行的法律义务。

1. 遵章守规，服从管理的义务

《安全生产法》第五十七条规定，从业人员在作业过程中，应当严格落实岗位安全责任，遵守本单位的安全生产规章制度和操作规程，服从管理，正确佩戴和使用劳动防护用品。

安全贯穿生产经营活动的全过程，安全生产需要生产经营单位的每一个人、每一道工序相互配合和衔接。生产经营单位的每一位从业人员都从不同角度为生产经营活动负责，每一位从业人员的尽责程度直接关系到整个生产经营单位的安全生产。

2. 正确佩戴和使用劳保用品的义务

《安全生产法》第五十七条规定，从业人员在作业过程中，应当严格落实岗位安全责任，遵守本单位的安全生产规章制度和操作规程，服从管理，正确佩戴和使用劳动防护用品。

劳动防护用品是保障劳动者安全与健康的辅助性、预防性措施。从某种意义上讲，劳动防护用品是从业人员防止职业危害的最后一道有效保护措施。

3. 接受培训，掌握安全生产技能的义务

《安全生产法》第五十八条规定，从业人员应当接受安全生产教育和培训，掌握本职工作所需的安全生产知识，提高安全生产技能，增强事故预防和应急处理能力。

从业人员的安全生产意识和安全技能的高低，直接关系到生产经营活动的安全可靠性。特别是从事危险物品生产作业的从业人员，更需要具有系统的安全知识，熟练的安全生产技能，以及对不安全因素和事故隐患、突发事故的预防、处理能力和经验。安全教育培训的基本内容包括安全意识教育、安全知识教育和安全技能教育。

4. 发现事故隐患或者不安全因素及时报告的义务

《安全生产法》第五十九条规定，从业人员发现事故隐患或者其他不安全因素，应当立即向现场安全生产管理人员或者本单位负责人报告，接到报告的人员应当及时予以处理。

从业人员直接进行生产经营作业，他们是事故隐患和不安全因素的第一当事人。许多生产安全事故是由于从业人员在作业现场发现事故隐患和不安全因素后没有及时报告，以致延误了采取措施进行紧急处置的时机而导致的。如果从业人员尽职尽责，及时发现并报告事故隐患和不安全因素，并及时有效处理，完全可以避免事故发生和降低事故损失。发现事故隐患并及时报告、处理是贯彻预防为主、加强事前防范的重要措施。

进度检查

一、选择题

1. 根据《安全生产法》，从业人员安全生产权利与义务包括（　　）。

A. 发现直接危及人身安全的紧急情况时，从业人员有权立即撤离作业现场。

B. 从业人员有权拒绝接受生产经营单位提供的安全生产教育培训。

C. 从业人员发现事故隐患，立即报告现场安全管理人员或者本单位负责人。

D. 从业人员受到事故伤害获得工伤保险后，不再享有获得民事赔偿的权利。

2. 根据《安全生产法》，关于生产经营单位从业人员安全生产权利和义务的说法，错误的是（　　）。

A. 从业人员有权了解其作业场所和工作岗位存在的危险因素、防范措施及事故应急措施。

B. 从业人员有权对本单位安全生产工作中存在的问题提出批评、检举、控告。

C. 从业人员拒绝违章指挥造成损失的，应承担一定的责任。

D. 从业人员发现直接危及人身安全的紧急情况时，有权停止作业。

二、判断题

1. 从业人员拒绝违章指挥，立即解除劳动合同。 （　　）
2. 从业人员应当接受安全生产教育和培训。 （　　）

三、简答题

1. 从业人员的安全生产权利有哪些？
2. 从业人员的安全生产义务有哪些？

学习单元 1-3 安全生产责任追究

学习目标：在完成本单元学习之后，能够熟悉安全生产责任追究。
职业领域：化学、石油、环保、医药、冶金、食品等
工作范围：分析

　　《安全生产法》第十六条规定，国家实行生产安全事故责任追究制度，依照本法和有关法律、法规的规定，追究生产安全事故责任单位和责任人员的法律责任。追究安全生产违法行为法律责任的形式有三种，即行政责任、民事责任和刑事责任。

一、行政责任

　　行政责任是指违反有关行政管理的法律、法规的规定所依法应当承担的法律后果。

　　行政责任包括政务处分和行政处罚。政务处分是对公务员、参公管理人员和法律、法规授权或者受国家机关依法委托管理公共事务的组织中从事公务的人员、国有企业管理人员等人员违法违纪行为给予的制裁性处理。按照公务员法、公职人员政务处分法的有关规定，政务处分的种类包括警告、记过、记大过、降级、撤职、开除等。行政处罚是指行政机关依法对违反行政管理秩序的公民、法人或者其他组织，以减损权益或者增加义务的方式予以惩戒的行为。按照行政处罚法的规定，行政处罚的种类包括：警告、通报批评；罚款、没收违法所得、没收非法财物；暂扣许可证件、降低资质等级、吊销许可证件；限制开展生产经营活动、责令停产停业、责令关闭、限制从业；行政拘留；法律、行政法规规定的其他行政处罚。

　　《安全生产法》第九十条、第九十一条、第九十二条、第九十三条、第九十四条、第九十五条、第九十六条、第九十七条、第九十八条、第九十九条、第一百零一条、第一百零二条、第一百零三条、第一百零四条、第一百零五条、第一百零六条、第一百零七条、第一百零八条、第一百零九条、第一百一十条、第一百一十一条、第一百一十三条、第一百一十四条对行政责任做了规定。

二、民事责任

　　民事法律关系的主体没有按照法律规定或者合同约定履行自己的义务，或者侵害他人合法权益的，要承担相应的民事责任。根据《中华人民共和国民法典》第一百七十九条规定，承担民事责任的方式主要有：①停止侵害；②排除妨碍；③消除危险；④返还财产；⑤恢复原状；⑥修理、重作、更换；⑦继续履行；⑧赔偿损失；⑨支付违约金；⑩消除影响、恢复名誉；⑪赔礼道歉。

　　《安全生产法》第五十一条、第九十二条、第一百零三条、第一百一十六条对民事责任

做了规定。

三、刑事责任

刑事责任是国家刑事法律规定的犯罪行为所应承担的法律后果。行为人实施了违法行为，才可能构成犯罪；行为人只有构成犯罪，符合法律规定的条件，才承担刑事责任。根据《中华人民共和国刑法》的规定，刑罚包括主刑和附加刑。

《中华人民共和国刑法》中有关安全生产违法行为的罪名，主要是重大责任事故罪、重大劳动安全事故责任罪、危险作业罪、危险物品肇事罪、不报或谎报事故罪和提供虚假证明文件罪及国家工作人员职务犯罪等。

《安全生产法》第九十条、第九十二条、第九十三条、第九十四条、第九十六条、第九十八条、第九十九条、第一百条、第一百零一条、第一百零二条、第一百零三条、第一百零五条、第一百零七条、第一百零八条、第一百一十条、第一百一十一条对刑事责任做了规定。

进度检查

一、填空题

1. 追究安全生产违法行为法律责任的形式有三种，即_____、_____和_____。

2. 行政责任包括_____和_____。

二、判断题

1. 国家实行生产安全事故责任追究制度。   （   ）

2. 行为人实施了违法行为，应承担刑事责任。   （   ）

三、简答题

1.《中华人民共和国刑法》中有关安全生产违法行为的罪名有哪些？

2.《中华人民共和国民法典》规定的承担民事责任的方式主要有哪些？

危化品企业员工的"五懂五会五能"

《中华人民共和国安全生产法》明确规定："从业人员应当接受安全生产教育和培训，掌握本职工作所需的安全生产知识，提高安全生产技能，增强事故预防和应急处理能力。"安全生产在一线，基层班组是关键。危化品企业要针对员工岗位有的放矢地进行培训，员工的履责能力是安全生产的关键。

2019 年 6 月，中国化学品安全协会推出《化工（危险化学品）企业岗位五懂五会五能应知应会编写指导手册》，提出危化品企业员工的"五懂五会五能"内容要求。

"五懂"即懂工艺技术、懂危险特性、懂设备原理、懂法规标准、懂制度要求。"五懂"是员工上岗的素质要求，是操作人员正确、规范操作、认真履职的前提保障。

"五会"即会生产操作、会异常分析、会设备巡检、会风险辨识、会应急处置。"五会"是员工操作能力提升的内在要求。

"五能"即能遵守工艺纪律、能遵守安全纪律、能遵守劳动纪律、能制止他人违章、能抵制违章指挥。"五能"是员工安全文化素养提升的重要途径。

模块 2 危险化学品安全知识

编号 FCJ-19-01

学习单元 2-1 危险化学品的分类

学习目标：在完成本单元学习之后，能够对常见的危险化学品进行分类。
职业领域：化学、石油、环保、医药、冶金、食品等
工作范围：分析

一、定义

1. 化学品

化学品，通常用于泛指化学物质、化学试剂、化学工业原料和产品等。

《作业场所安全使用化学品公约》（第 170 号国际公约）中，将化学品定义为各种单质、化合物及其混合物，无论其是天然的还是人工合成的。

《鹿特丹公约》中，将化学品定义为一种物质，无论是该物质本身还是其混合物或制剂的一部分，无论是人工制造的还是取自大自然的，但不包括任何生物体。它由以下类别组成：农药（包括农药制剂）和工业化学品。

联合国环境规划署《关于化学品国际贸易资料交换的伦敦准则》中，将化学品定义为化学物质，无论是物质本身、混合物还是配制物的一部分，是制造的还是来自自然界，还包括作为工业化学品和农药使用的物质。

我国《化学品毒性鉴定技术规范》（卫监督发〔2005〕272 号）中，将化学品定义为工业用和民用的化学原料、中间体、产品等单分子化合物、聚合物以及不同化学物质组成的混合剂与产品，不包括法律、法规已有规定的食品、食品添加剂、化妆品、药品等。

据美国化学文摘登录，目前全世界已有的化学品多达 700 万种，其中已作为商品上市的有 10 万余种，经常使用的有 7 万多种，现在每年全世界新出现化学品有 1000 多种，我国已生产和上市销售的现有化学物质大约有 4.5 万种。

2. 危险化学品

根据《危险化学品安全管理条例》，危险化学品是指具有毒害、腐蚀、爆炸、燃烧、助燃等性质，对人体、设施、环境具有危害的剧毒化学品和其他化学品。

3. 剧毒化学品

剧毒化学品指具有剧烈急性毒性危害的化学品，包括人工合成的化学品及其混合物和天然毒素，还包括具有急性毒性易造成公共安全危害的化学品。

4. 危险货物

根据《危险货物分类和品名编号》（GB 6944—2012），危险货物是指具有爆炸、易燃、毒害、感染、腐蚀、放射性等危险特性，在运输、储存、生产、经营、使用和处置中，容易造成人身伤亡、财产损毁或环境污染而需要特别防护的物质和物品。

二、危险化学品的分类

了解危险化学品的分类，有利于保障危险化学品的生产、储存、运输等过程的安全。通过采取适当的安全措施，可避免发生安全事故，影响环境安全。危险化学品的分类方法和标准不尽一致。危险化学品种类繁多，性质各异，而且一种危险化学品常常具有多种危险性。但是在多种危险性中，必有一种是主要的，即对人类危害最大的危险性。因此，在对危险化学品分类时，主要依据"择重归类"的原则，即根据该化学品的主要危险性来进行分类。

目前，国际通用的危险化学品标准有两个：一是联合国《关于危险货物运输的建议书规章范本》（TDG）；二是联合国《全球化学品统一分类和标签制度》（GHS 制度）。我国危险化学品分类主要基于联合国 GHS 制度。我国对于危险化学品的分类主要依据《化学品分类和标签规范》（GB 30000 系列标准），其技术内容与联合国 GHS 制度第四修订版完全一致，强调生产、储存、流通、运输等多环节的危害性，将危险化学品的危害分为理化危险、健康危害及环境危害三大类 28 小类 95 个类别。

理化危险是与物质或混合物自身所具有的物理及化学特性相关联的。属于理化危险性类别的有：爆炸物、易燃气体、气溶胶、氧化性气体、加压气体、易燃液体、易燃固体、自反应物质和混合物、自热物质和混合物、自燃液体、自燃固体、遇水放出易燃气体的物质和混合物、金属腐蚀物、氧化性液体、氧化性固体和有机过氧化物 16 小类。目前 GHS 已修订至第八修订版，增加了退敏爆炸物的危险性类别。掌握物质和混合物潜在理化危险的分类标准，是分析判断危险化学品潜在危险性的前提。

健康危害是根据物质或混合物潜在健康危害的分类标准来划分危害类别。属于健康危害性类别的有：急性毒性、皮肤腐蚀/刺激、严重眼损伤/眼刺激、呼吸道或皮肤致敏、生殖细胞致突变性、致癌性、生殖毒性、特异性靶器官毒性一次接触、特异性靶器官毒性反复接触和吸入危害 10 小类。了解健康危害分类，使得救援人员可以在处置危险化学品事故时预防危害传播，并有效救助受伤人员。

环境危害性类别有危害水生环境和危害臭氧层 2 小类。掌握环境危害分类，可防止处置化学事故时次生灾害的发生，保护生态环境。

进度检查

一、选择题

1. 危险化学品是指具有毒害、腐蚀、爆炸、燃烧、助燃等性质，对（　　）具有危害的剧毒化学品和其他化学品。

    A. 人体、环境、产品   B. 设施、场所、产品

    C. 人体、设施、环境   D. 人体、设施、设备

2. 下列物质中，属于理化危险类的是（　　　）。

A. 急性毒性气体　　　B. 易燃气体　　　　　C. 致癌性液体　　　　D. 腐蚀性液体

3. 下列属于可燃气体的是（　　　）。

A. N_2　　　　　　　B. CO_2　　　　　　C. Ar　　　　　　　　D. CO

4. 氢氰酸的主要危害在于其（　　　）。

A. 燃烧爆炸危险　　　B. 毒性　　　　　　　C. 放射性　　　　　　D. 腐蚀性

5. 电石和生石灰是（　　　）。

A. 易燃物品　　　　　B. 遇湿易燃物品　　　C. 氧化剂　　　　　　D. 有毒品

二、简答题

1. 属于理化危险性类别的危险化学品有哪几类？

2. 属于健康危害性类别的危险化学品有哪几类？

学习单元 2-2　危险化学品的标识

学习目标：在完成本单元学习之后，能够熟知和使用危险化学品的标识。
职业领域：化学、石油、环保、医药、冶金、食品等
工作范围：分析

《全球化学品统一分类和标签制度》（GHS 制度）已在全球化学品行业内广泛采用，其核心要素为统一化学品的危害分类标准和统一化学品的危险信息公示，后者主要表现为化学品安全标签和化学品安全技术说明书，即"一书一签"。

《危险化学品安全管理条例》（国务院令第 645 号）第十五条规定，危险化学品生产企业应当提供与其生产的危险化学品相符的化学品安全技术说明书，并在危险化学品包装（包括外包装件）上粘贴或者挂挂与包装内危险化学品相符的化学品安全标签。化学品安全技术说明书和化学品安全标签所载明的内容应当符合国家标准的要求。危险化学品生产企业发现其生产的危险化学品有新的危险特性的，应当立即公告，并及时修订其化学品安全技术说明书和化学品安全标签。

一、化学品安全标签

化学品安全标签是用于标示化学品所具有的危险性和安全注意事项的一组文字、象形图和编码组合。它可粘贴、挂栓或喷印在化学品的外包装或容器上，是化学品危险、危害信息传递的重要手段。

安全标签主要内容包括化学品标识、象形图、信号词、危险性说明、防范说明、应急咨询电话、供应商标识、资料参阅提示语等。安全标签样例及简化安全标签样例如图 2-1、图 2-2 所示。

1. 化学标签具体内容

（1）化学品标识　用中文和英文分别标明化学品的通用名称。名称要求醒目清晰，位于标签的正上方。名称应与化学品安全技术说明书中的名称一致。

（2）象形图　由图形符号及其他图形要素，如边框、背景图案和颜色组成，是表述特定信息的图形组合。

（3）信号词　根据化学品的危险程度和类别，用"危险""警告"两个词分别进行危害程度的警示。信号词位于化学品名称的下方，要求醒目、清晰。

（4）危险性说明　简要概述化学品的危险特性，居信号词下方。

（5）防范说明　表述化学品在处置、搬运、储存和使用作业中所必须注意的事项和发生意外时简单有效的救护措施等，要求内容简明扼要、重点突出。

化学品名称　A 组分：40％；B 组分：60％

危　险　

极易燃液体和蒸气，食入致死，对水生生物毒性非常大

【预防措施】
- 远离热源，火花，明火、热表面。使用不产生火花的工具作业。
- 保持容器密闭。
- 采取防止静电措施，容器和接收设备接地、连接。
- 使用防爆电器、通风、照明及其他设备。
- 戴防护手套、防护眼镜、防护面罩。
- 操作后彻底清洗身体接触部位。
- 作业场所不得进食、饮水或吸烟。
- 禁止排入环境。

【事故响应】
- 如皮肤（或头发）接触：立即脱掉所有被污染的衣服。用水冲洗皮肤、淋浴。
- 食入：催吐，立即就医。
- 收集泄漏物。
- 火灾时，使用干粉、泡沫、二氧化碳灭火。

【安全储存】
- 在阴凉、通风良好处储存。
- 上锁保管。

【废弃处置】
- 本品或其容器采用焚烧法处置。

请参阅化学品安全技术说明书

供应商：××××××××××××××××××××

电话：×××××

地　址：××××××××××××××××

邮编：×××××

化学事故应急咨询电话：×××××

图 2-1　化学品安全标签的样例

化学品名称

危险　

极易燃液体和蒸气，食入致死，对水生生物毒性非常大

请参阅化学品安全技术说明书

供应商：×××××××××××××××　电话：×××××

化学事故应急咨询电话：×××××

图 2-2　化学品安全标签的简化样例

（6）供应商标识　供应商名称、地址、邮编和电话等。

（7）应急咨询电话　填写化学品生产商或生产商委托的 24 小时化学事故应急咨询电话。

（8）资料参阅提示语　提示化学品用户应参阅化学品安全技术说明书。

（9）其他　生产企业名称、地址、邮编、电话。

2. 象形图

象形图由图形符号及其他图形要素，如边框、背景图案和颜色组成，是表述特定信息的图形组合。具体要求：边框为红色要足够宽，醒目；符号为黑色；背景为白色。在《全球化学品统一分类和标签制度》中共有 9 种象形图。危险化学品象形图如图 2-3 所示。

图 2-3　危险化学品象形图

二、化学品安全技术说明书

化学品安全技术说明书是一份关于危险化学品燃爆、毒性和环境危害以及安全使用、泄漏应急处理、主要理化参数、法律法规等方面信息的综合性文件。化学品安全技术说明书在国际上称作化学品安全信息卡，简称 MSDS 或 CSDS。

危险化学品安全技术说明书包括以下十六部分的内容。

（1）化学品及企业标识　主要标明化学品名称、生产企业名称、地址、邮编、电话、应急电话、传真等信息。

（2）危险性概述　简述本化学品最重要的危害和效应，主要包括危险类别、侵入途径、健康危害、环境危害、燃爆危险等信息。

（3）成分/组成信息　标明该化学品是物质还是混合物。如果是物质，则提供化学名或通用名、美国化学文摘登记号（CAS 号）及其他标识符。

（4）急救措施　主要是指作业人员受到意外伤害时，所需采取的现场自救或互救的简要的处理方法，包括：眼睛接触、皮肤接触、吸入食入的急救措施。

（5）消防措施　主要表示化学品的物理和化学特殊危险性，合适灭火介质，不合适的灭火介质以及消防人员个体防护等方面的信息，包括：危险特性、灭火介质和方法、灭火注意事项等。

（6）泄漏应急处理　指化学品泄漏后现场可采用的简单有效的应急措施、注意事项和消除方法，包括：应急行动、应急人员防护、环保措施、消除方法等内容。

（7）操作处理与储存　主要是指化学品操作处置和安全储存方面的信息资料，包括：操作处置作业中的安全注意事项、安全储存条件和注意事项。

（8）接触控制和个体防护　主要指为保护作业人员免受化学品危害而采用的防护方法和手段，包括：最高允许浓度、工程控制、呼吸系统防护、眼睛防护、身体防护、手防护、其他防护要求。

（9）理化特性　主要描述化学品的外观及主要理化性质等方面的信息，包括：外观与性状、pH 值、沸点、熔点、爆炸极限等信息和其他一些特殊理化性质。

（10）稳定性和反应性　主要叙述化学品的稳定性和反应活性方面的信息，包括：稳定性、禁配物、应避免接触的条件、聚合危害、分解产物。

（11）毒理学信息　提供化学品毒理学信息，包括：不同接触方式的急性毒性（LD50、LC50）、刺激性、致癌性等。

（12）生态学信息　主要叙述化学品的环境生态效应、行为和转归，包括：生物效应、生物降解性、环境迁移等。

（13）废弃处置　是指对被化学品污染的包装和无使用价值的化学品的安全处理方法，包括废弃处置方法和注意事项。

（14）运输信息　主要是指国内、国际化学品包装、运输的要求及规定的分类和编号，包括：危险货物编号、包装类别、包装标志、包装方法、UN 编号及运输注意事项等。

（15）法规信息　主要指化学品管理方面的法律条款和标准。

（16）其他信息　主要提供其他对安全有重要意义的信息，包括：参考文献、填表时间、数据审核单位等。

进度检查

一、填空题

化学品"一书一签"中"一书"是指＿＿＿＿＿＿，"一签"是指＿＿＿＿＿＿。

二、选择题

1. 化学品安全标签内容由（　　）部分组成。

A. 8　　　　　　　B. 9　　　　　　　C. 10　　　　　　　D. 11

2. 化学品安全技术说明书内容由（　　）部分组成。

A. 15　　　　　　B. 16　　　　　　C. 17　　　　　　D. 18

三、判断题

1. 危险化学品生产企业发现其生产的危险化学品有新的危险特性的，应当立即公告，并及时修订其化学品安全技术说明书和化学品安全标签。　　　　　　　　（　　）

2. 安全技术说明书由化学品的生产供应企业编印，在交付商品时提供给用户，作为一种服务，随商品在市场上流通。　　　　　　　　　　　　　　　　　　　（　　）

3. 安全技术说明书规定的标题、编号和前后顺序在编写时可以进行随意变更。　　（　　）

四、简答题

1. 危险化学品的安全标签包括哪些内容？

2. 危险化学品的安全技术说明书包括哪些内容？

学习单元 2-3 危险化学品包装与运输

学习目标：在完成本单元学习之后，能够掌握危险化学品包装与运输安全。
职业领域：化学、石油、环保、医药、冶金、食品等
工作范围：分析

一、危险化学品包装

危险化学品包装是指盛装危险货物的包装容器。为确保危险货物在储存运输过程中的安全，除其本身的质量符合安全规定、其流通环节的各种条件正常合理外，最重要的是危险货物必须具有合适的运输包装。

工业产品的包装是现代工业中不可缺少的组成部分。一种产品从生产到使用，一般经过多次装卸、储存、运输的过程，在这个过程中，产品将不可避免地受到碰撞、跌落、冲击和振动。一个好的包装，将会很好地保护产品，减少运输过程中的破损，使产品安全地到达目的地，这一点对于危险化学品显得尤为重要。包装方法得当，就会降低储存、运输中的事故发生率，否则，就有可能导致事故的发生。因此，化学品包装是化学品储运安全的基础。为了加强危险化学品包装的管理，国家制定了一系列相关的法律法规和标准，如《危险化学品安全管理条例》中即有规定。

危险化学品的包装应当符合法律、行政法规、规章的规定以及国家标准、行业标准的要求。危险化学品包装物、容器的材质以及危险化学品包装的型式、规格、方法和单件质量（重量），应当与所包装的危险化学品的性质和用途相适应。

对重复使用的危险化学品包装物、容器，使用单位在重复使用前应当进行检查；发现存在安全隐患的，应当维修或者更换。使用单位应当对检查情况作出记录，记录的保存期限不得少于 2 年。

根据《危险货物运输包装类别划分方法》（GB/T 15098—2008）规定，除了爆炸品、气体、有机过氧化物和自反应物质、感染性物质、放射性物质、杂项危险物质和物品及净质量大于 400kg 和容积大于 450L 的包装外，其他危险货物按其内装物的危险程度将包装划分为 3 种包装类别：

Ⅰ类包装：盛装具有较大危险性的货物；

Ⅱ类包装：盛装具有中等危险性的货物；

Ⅲ类包装：盛装具有较小危险性的货物。

包装技术要求执行《危险货物运输包装通用技术条件》（GB 12463—2009），该标准规定了危险货物运输包装的一般要求：

（1）危险货物运输包装应结构合理，具有一定强度，防护性能好。包装的材质、形式、规格、方法和单件质量（重量），应与所装危险货物的性质和用途相适应，并便于装卸、运

输和储存。

（2）包装应质量良好，其构造和封闭形式应能承受正常运输条件下的各种作业风险，不应因温度、湿度或压力的变化而发生任何渗（撒）漏，包装表面应清洁，不允许黏附有害的危险物质。

（3）包装与内装物直接接触部分，必要时应有内涂层或进行防护处理，包装材质不得与内装物发生化学反应而形成危险产物或导致削弱包装强度。

（4）内容器应固定。如易碎品包装时应使用与内装物性质相适应的衬垫材料或吸附材料衬垫妥实。

（5）盛装液体的容器，应能经受在正常运输条件下产生的内部压力。灌装时必须留有足够的膨胀余量（预留容积），除另有规定外，并应保证在温度 55℃时，内装液体不致完全充满容器。

（6）包装封口应根据内装物性质采用严密封口、液密封口或气密封口。

（7）盛装需要浸湿或加有稳定剂的物质时，其容器封闭形式应能有效地保证内装液体（水、溶剂和稳定剂）的百分比，在储运期间保持在规定的范围以内。

（8）降压装置的包装，其排气孔设计和安装应能防止内装物泄漏和外界杂质进入，排出的气体量不得造成危险和污染环境。

（9）复合包装的内容器和外包装应紧密贴合，外包装不得有擦伤内容器的凸出物。

（10）无论是新型包装、重复包装、还是修理过的包装均应符合危险货物运输包装性能试验要求。

（11）爆炸品包装的附加要求：

① 盛装液体爆炸品容器的封闭形式，应具有防止渗漏的双重保护。

② 除内包装能充分防止爆炸品与金属物接触外，铁钉和其他没有防护涂料的金属部件不得穿透外包装。

③ 双重卷边接合的钢桶，金属桶或以金属做衬里的包装箱，应能防止爆炸物进入隙缝。钢桶或铝桶的封闭装置必须有合适的垫圈。

④ 包装内的爆炸物质和物品，包括内容器，必须衬垫妥实，在运输过程中不得发生危险性移动。

⑤ 盛装有对外部电磁辐射敏感的有电引发装置的爆炸物品，包装应具备防止所装物品受外部电磁的辐射源影响的功能。

二、危险化学品运输

危险化学品在运输中可能发生事故，全面了解并掌握有关危险化学品的安全运输规定，对降低运输事故具有重要意义。

① 国家对危险化学品的运输实行资质认定制度，未经资质认定，不得运输危险化学品。危险化学品运输企业应当配备专职安全管理人员、驾驶人员、装卸管理人员和押运人员。

② 危险化学品托运人必须办理有关手续后方可运输；运输企业应当查验有关手续齐全有效后方可承运。

③ 托运危险化学品的，托运人应当向承运人说明所托运的危险化学品的种类、数量、危险特性以及发生危险情况的应急处置措施，并按照国家有关规定对所托运的危险化学品妥

善包装，在外包装上设置相应的标志。需要添加抑制剂或者稳定剂的，托运人应当按照规定添加，并告知承运人相关注意事项；还应当提交与托运危险化学品完全一致的安全技术说明书和安全标签。

④ 危险货物装卸过程中，应当根据危险货物的性质轻装轻卸，堆码整齐，防止混杂、洒漏、破损，不得与普通货物混合堆放。

⑤ 危险物品装卸前，应对车（船）搬运工具进行必要的通风和清扫，不得留有残渣，对装有剧毒物品的车（船），卸车（船）后必须洗刷干净。

⑥ 装运爆炸、剧毒、放射性、易燃液体、可燃气体等物品，必须使用符合安全要求的运输工具；禁忌物料不得混运；禁止用电瓶车、翻斗车、铲车、自行车等运输爆炸物品。运输强氧化剂、爆炸品及用铁桶包装的一级易燃液体时，没有采取可靠的安全措施时，不得用铁底板车及汽车挂车；禁止用叉车、铲车、翻斗车搬运易燃、易爆液化气体等危险物品；温度较高地区装运液化气体和易燃液体等危险物品，要有防晒设施；放射性物品应用专用运输搬运车和抬架搬运，装卸机械应按规定负荷降低 25％ 的装卸量；遇水燃烧物品及有毒物品，禁止用小型机帆船、小木船和水泥船承运。

⑦ 运输危险货物应当配备必要的押运人员，保证危险货物处于押运人员的监管之下；危险化学品运输车辆应当符合国家标准要求的安全技术条件，应当悬挂或者喷涂符合国家标准要求的警示标志。

⑧ 道路危险货物运输过程中，驾驶人员不得随意停车。不得在居民聚居点、行人稠密地段、政府机关、名胜古迹、风景浏览区停车。如需在上述地区进行装卸作业或临时停车，应采取安全措施。运输爆炸物品、易燃易爆化学物品以及剧毒、放射性等危险物品，应事先报备经当地公安部门批准，按指定路线、时间、速度行驶。

⑨ 运输易燃易爆危险货物车辆的排气管，应安装隔热和熄灭火星装置，并配装导静电橡胶拖地带装置。

⑩ 运输危险货物应根据货物性质，采取相应的遮阳、控温、防爆、防静电、防火、防震、防水、防冻、防粉尘飞扬、防散漏等措施。

⑪ 禁止通过内河封闭水域运输剧毒化学品以及国家规定禁止通过内河运输的其他危险化学品。通过道路运输剧毒化学品的，托运人应当向运输始发地或目的地的县级人民政府公安机关申请剧毒化学品道路运输通行证。

⑫ 危险化学品道路运输企业、水路运输企业的驾驶人员、船员、装卸管理人员、押运人员、申报人员、集装箱现场检查员等工作人员应当经交通运输主管部门考核合格，取得从业资格。

三、危险货物包装标志

根据《危险货物分类和品名编号》（GB 6944—2012），危险货物按具有的危险性或最主要的危险性分为 9 个类别，第 1 类：爆炸品；第 2 类：气体；第 3 类：易燃液体；第 4 类：易燃固体、易于自燃物质、遇水放出易燃气体的物质；第 5 类：氧化性物质和有机过氧化物；第 6 类：毒性物质和感染性物质；第 7 类：放射性物质；第 8 类：腐蚀性物质；第 9 类：杂项危险物质和物品，包括环境危害物质。

《危险货物包装标志》（GB 190—2009）中，对危险货物包装图示标志的分类图形、尺寸、颜色及使用方法等作了规定。标志分为标记和标签。标记有 4 个，标签有 26 个，其图形分别标示了 9 类危险货物的主要特性。

（1）标记 标记名称有三个，图形有四个。危险货物包装标记如图 2-4 所示。

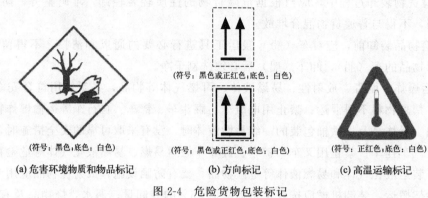

(a) 危害环境物质和物品标记　　(b) 方向标记　　(c) 高温运输标记

图 2-4　危险货物包装标记

（2）标签 标签有 9 个类别、18 个名称和 26 个图形。危险货物包装标签如图 2-5 及全书最后的插页所示。

(符号：黑色；底色：红色和柠檬黄色) 　(符号：白色；底色：红色和柠檬黄色)　　(符号：黑色；底色：白色)　　　(符号：黑色；底色：白色)
　　　　有机过氧化物　　　　　　　　　　　　　　　　　　　　　　　毒性物质　　　　　　　感染性物质

(符号：黑色；底色：白色，附一条红竖条)
黑色文字，在标签下半部分写上：
"放射性"
"内装物_____"
"放射性强度_____"
在"放射性"字样之后应有一条红竖条

一级放射性物质

(符号：黑色；底色：上黄下白，附两条红竖条)
黑色文字，在标签下半部分写上：
"放射性"
"内装物_____"
"放射性强度_____"
在一个黑边框格内写上："运输指数"
在"放射性"字样之后应有两条红竖条

二级放射性物质

(符号：黑色；底色：上黄下白，附三条红竖条)
黑色文字，在标签下半部分写上：
"放射性"
"内装物_____"
"放射性强度_____"
在一个黑边框格内写上："运输指数"
在"放射性"字样之后应有三条红竖条

三级放射性物质

(符号：黑色；底色：白色)
黑色文字
在标签上半部分写上："易裂变"
在标签下半部分的一个黑边
框格内写上："临界安全指数"
裂变性物质

(符号：黑色；底色：上白下黑)
腐蚀性物质

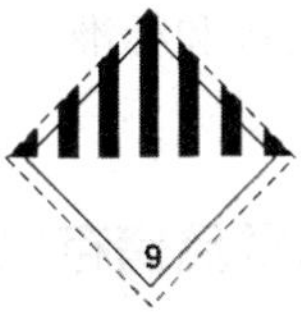

(符号：黑色；底色：白色)
杂项危险物质和物品

图 2-5　危险货物包装标签

进度检查

一、填空题

1. 包装封口应根据内装物性质采用_____、_____或_____。

2. 危险化学品道路运输企业、水路运输企业的_____、_____、_____、_____、_____、_____应当经交通运输主管部门考核合格，取得从业资格。

二、选择题

1. 危险化学品按其内装物的危险程度将包装划分为（　　）种包装类别。

A. 1　　　　　　　　B. 2　　　　　　　　C. 3　　　　　　　　D. 4

2. 搬运易燃、易爆液化气体等危险物品可用（　　）运输。

A. 叉车　　　　　　　B. 铲车　　　　　　　C. 翻斗车　　　　　　　D. 专用车

三、判断题

1. Ⅲ类包装：盛装具有较大危险性的货物。　　　　　　　　　　　　　　　　　　（　　）

2. 复合包装的内容器和外包装应紧密贴合，外包装不得有擦伤内容器的凸出物。（　　）

3. 危险化学品运输车辆可以不悬挂或者喷涂警示标志。　　　　　　　　　　　　（　　）

4. 运输剧毒危险物品，应事先报备经当地公安部门批准，按指定路线、时间、速度行驶。

（　　）

学习单元 2-4 危险化学品储存

学习目标： 在完成本单元学习之后，能够掌握危险化学品安全储存。
职业领域： 化学、石油、环保、医药、冶金、食品等
工作范围： 分析

　　储存是危险化学品流通过程中非常重要的一个环节，处理不当，就会造成事故。一旦发生事故，将给国家财产和人民生命造成了巨大损失。为了加强对危险化学品的管理，国家制定了一系列法规和标准，对危险化学品储藏养护技术条件、审批制度、安全储存都提出了具体要求。

一、危险化学品储存的定义与种类

　　储存是指产品在离开生产领域而尚未进入消费领域之前，在流通过程中形成的一种停留。生产、经营、储存、使用危险化学品的企业都存在危险化学品的储存问题。

　　危险化学品的储存根据物质的理化性质和储存量的多少分为整装储存和散装储存两类。

　　整装储存是将物品装于小型容器或包件中储存。如各种瓶装、袋装、桶装、箱装或钢瓶装的物品。这种储存往往存放的品种多，物品的性质复杂，比较难管理。

　　散装储存是指物品不带外包装的净货储存。如有机液体危险化学品甲醇、苯、乙苯、汽油等，一旦发生事故难以施救。

　　无论整装储存还是散装储存都潜在有很大的危险。所以，经营、储存保管人员必须用科学的态度从严管理，万万不能马虎从事。

二、危险化学品储存安全要求

　　根据《危险化学品安全管理条例》的规定，储存危险化学品基本安全要求是：

　　① 危险化学品应当储存在专用仓库、专用场地或者专用储存室（以下统称专用仓库）内，并由专人负责管理；剧毒化学品以及储存数量构成重大危险源的其他危险化学品，应当在专用仓库内单独存放，并实行双人收发、双人保管制度。危险化学品的储存方式、方法以及储存数量应当符合国家标准或者国家有关规定。

　　② 储存危险化学品的单位应当建立危险化学品出入库核查、登记制度。对剧毒化学品以及储存数量构成重大危险源的其他危险化学品，储存单位应当将其储存数量、储存地点以及管理人员的情况，报所在地县级人民政府安全生产监督管理部门（在港区内储存的，报港口行政管理部门）和公安机关备案。

　　③ 危险化学品专用仓库应当符合国家标准、行业标准的要求，并设置明显的标志。储存剧毒化学品、易制爆危险化学品的专用仓库，应当按照国家有关规定设置相应的技术防范

设施。储存危险化学品的单位应当对其危险化学品专用仓库的安全设施、设备定期进行检测、检验。

根据《危险化学品仓库储存通则》（GB 15603—2022）的规定，危险化学品的储存要求是：

① 危险化学品仓库应采用隔离储存、隔开储存、分离储存的方式对危险化学品进行储存。

② 应选择符合危险化学品的特性、防火要求及化学品安全技术说明书中储存要求的仓储设施进行储存。

③ 应根据危险化学品仓库的设计和经营许可要求，严格控制危险化学品的储存品种、数量。

④ 危险化学品储存应满足危险化学品分类、包装、储存方式及消防要求。

⑤ 危险化学品的储存配存，应符合危险化学品储存配存表及其化学品安全技术说明书的要求。

⑥ 储存爆炸物的仓库，其外部安全防护距离以及物品存放应满足《危险化学品经营企业安全技术基本要求》（GB 18265—2019）的要求。

⑦ 储存有毒气体或易燃气体，且其构成危险化学品重大危险源的仓库，其外部安全防护距离应满足《危险化学品经营企业安全技术基本要求》（GB 18265—2019）的要求。

⑧ 储存具有火灾危险性危险化学品的仓库，耐火等级、层数、面积及防火间距应符合《建筑设计防火规范（2018年版)》（GB 50016—2014）的要求。

⑨ 剧毒化学品、易燃气体、氧化性气体、急性毒性气体、遇水放出易燃气体的物质和混合物、氯酸盐、高锰酸盐、亚硝酸盐、过氧化钠、过氧化氢、溴素应分离储存。

⑩ 剧毒化学品、监控化学品、易制毒化学品、易制爆危险化学品，应按规定将储存地点、储存数量、流向及管理人员的情况报相关部门备案，剧毒化学品以及构成重大危险源的危险化学品，应在专用仓库内单独存放，并实行双人收发、双人保管制度。

三、危险化学品储存方式

危险化学品储存方式分为三种：隔离储存、隔开储存和分离储存。

隔离储存是指在同一房间或同一区域内，不同的物品之间分开一定的距离，非禁忌物品间用通道保持空间的储存方式。

隔开储存是指在同一建筑或同一区域内，用隔板或墙，将不同禁忌物品分离开的储存方式。

分离储存是指在不同的建筑物或同一建筑不同房间的储存方式。

四、危险化学品分类储存的安全技术

我国有多个国家标准对危险化学品分类储存作了规定。《危险化学品仓库储存通则》（GB 15603—2022）对危险化学品储存要求、装卸搬运与堆码、入库作业、在库管理、个体防护、安全管理和人员与培训等作了规定。《易燃易爆性商品储存养护技术条件》（GB 17914—2013）、《腐蚀性商品储存养护技术条件》（GB 17915—2013）、《毒害性商品储存养护技术条件》（GB 17916—2013）等标准分别规定了不同类别危险化学品的储存条件、储存要求、养护条件、安全操作、出库、应急管理等内容。

📝 进度检查

一、填空题

1. 危险化学品储存方式分为_____、_____或_____。
2. _____是指在同一房间同一区域内，不同的物料之间分开一定距离，非禁忌物料间用通道保持空间的储存方式。

二、选择题

1. 危险化学品的储存根据物质的理化性状和储存量的大小分为整装储存和（   ）两类。

A. 散装储存　　　　B. 分开储存　　　　C. 分离储存　　　　D. 隔开储存

2. （   ）是同一建筑或同一区域内，用隔板或墙，将其与禁忌物料分离开的储存方式。

A. 隔离储存　　　　B. 分开储存　　　　C. 隔开储存　　　　D. 分离储存

三、判断题

1. 各类危险品不得与禁忌物料混合储存，灭火方法不同的危险化学品不能同库储存。
（   ）
2. 危险化学品的储存应根据危险品性能分区、分类、分库储存。　　　（   ）
3. 危险化学品不得露天堆放。　　　　　　　　　　　　　　　　　（   ）

科学认识化工

2019 年 3 月国际化工协会联合会发布：化学工业几乎涉及所有的生产行业，通过直接、间接和诱发影响估计 2017 年为全球国内 GDP 做出了 5.7 万亿美元（全球 GDP 的 7％）的贡献，并在全球范围内提供了 1.20 亿个工作岗位。全球经济中化学工业每产生 1 美元，其他领域便产生 4.20 美元。2017 年，全球化学工业估计在研发方面投资 510 亿美元，提供了 170 万个工作岗位，为 920 亿美元的经济活动提供了支持。每个化工岗位将创造 7 个附加的工作机会。每位员工收入 7500 美元，比整体制造业平均水平高出 23％。

化学工业是极富创造性的工业领域，是可以产生新物质的行业，可为人类创造更美好的生活——衣食住行。石油和化学工业是我国国民经济的能源原材料产业、基础产业和支柱产业。我国石油和化学工业具有基本完整的产业链，可生产 4 万多种化工产品，渗透在 95％以上的工业领域中。我国石油和化工行业贡献了近 40％的世界产能，是名副其实的世界第一的石油和化工大国。

衣：我国每年消耗的纤维总量超过 5000 万吨，其中化学纤维（包括黏胶纤维等人造纤维）占 85％以上，棉、毛、丝、麻合计不超过 15％。这一方面解决了与粮争地的问题，另一方面极大地丰富了人们穿衣用料的多样性和质量。

食：粮食产量从新中国成立初期 1 亿吨提高到 2020 年六七十亿吨，离不开农用化学品：化肥、地膜、杀虫剂、除草剂、生长促进剂等。

住：新型化工建筑材料，主要包括墙体材料、装饰材料、门窗材料、保温材料、防水材料、黏结和密封材料。新型化工建材具有复合化、多功能化、节能化、绿色化、轻质高强化和工业化生产等显著特点。采用新型化工建材可以显著减轻建筑物自重，为推广轻型建筑结构创造条件，还能推动建筑施工技术现代化，大大加快建房速度。

行：我国每年有六七亿吨的石油炼制成汽油、柴油、煤油和润滑油，供各种燃油车使用。新能源汽车的锂电池、燃料电池也来自化学工业。

抗击疫情：化工不单为我们日常生活的衣食住行服务，也为我们应对国家和世界上的重大突发事件提供物质基础。疫情中，化工为国内外抗疫生产出医用口罩、医用防护服、熔喷布、消毒剂、护目镜、医用器材、塑料包装、化学药物等产品提供支持，为防疫一线的医护工作者和工作人员提供了安全保障。

模块 3 化学药品灼伤、中毒预防与处理

编号 FCJ-4-01

学习单元 3-1 常见腐蚀性药品及灼伤作用

学习目标：在完成本单元学习之后，能够了解常见腐蚀性药品及其对人体的危害。
职业领域：化学、石油、环保、医药、冶金、食品等
工作范围：分析

一、常见腐蚀性药品

腐蚀性药品是指对人体的皮肤、黏膜、眼睛、呼吸器官等有腐蚀性作用的物质，一般为液体或固体。如硫酸、硝酸、盐酸、磷酸、氢氟酸、苯酚（俗名石炭酸）、甲酸、氢氧化钠、氢氧化钾、硫化钠、碳酸钠、无水氯化铝、钾、钠等。

二、腐蚀性药品的类型

腐蚀性药品按性质和形态分类，大致分为以下几种类型。见表 3-1。

表 3-1 腐蚀性药品的类型

类型	常见药品
酸类	硫酸、盐酸、硝酸、磷酸、氢氟酸、甲酸、乙酸、草酸等
碱类	氢氧化钠、氢氧化钾、氢氧化钙、氨等
盐类	碳酸钾、碳酸钠、硫化钠、无水氯化铝、氰化物、磷化物、重金属盐等
单质	钾、钠、溴、磷等
有机物	苯酚、卤代烃、卤代酸（如一氯乙酸）、乙酸酐、无水肼、水合肼等

三、常见腐蚀性药品对人体的危害

化学灼伤是由化学试剂对人体引起的损伤。因为不同物质的性质和腐蚀性不同，所以灼伤时引起的症状和腐蚀机制也就不同。

部分常见腐蚀性药品灼伤的机理及症状见表 3-2。

表 3-2 常见腐蚀性药品灼伤的机理及症状

化学药品名称	灼伤的机理及症状
硫酸、盐酸、硝酸、磷酸、甲酸、乙酸、草酸	主要是对皮肤、黏膜的刺激与腐蚀。轻者出现红斑、黄斑、红肿等,重者会出现水泡、皮肤糜烂、脱皮等,有时会伤及骨骼

化学药品名称	灼伤的机理及症状
氢氧化钠、氢氧化钾、氨、氧化钙、碳酸钠、碳酸钾	主要是对皮肤、黏膜的腐蚀。腐蚀症状一般是皮肤逐渐发干、紧皱、发痒、红肿、疼痛、脱皮、起泡,重者会逐渐糜烂
有机物	一般是通过皮肤、黏膜渗透到皮下组织,引起发红或起泡。其症状一般为起初疼痛不显著,皮肤慢慢变红,随后疼痛加剧,皮肤组织深部溃烂,同时伴有肌肉痉挛、抽搐等
氢氟酸及氟化物	主要由皮肤、黏膜侵入人体,作用于骨骼,使骨骼疏松、变脆、变黑。主要症状为起初疼痛不显著,数小时后剧痛,透入组织,形成深部溃烂
氢氰酸及氰化物	刺激皮肤、黏膜,并由皮肤的汗腺及毛细孔渗入,被皮肤吸收,使细胞坏死,造成皮肤溃烂和灼伤
溴	直接侵入皮肤、黏膜并渗入皮下,产生剧痛,使皮肤或黏膜红肿,继而脱皮、溃烂
磷及含磷化合物	直接接触皮肤黏膜时,渗入并溶于皮下组织,使皮肤变红、起水泡,有灼热疼痛,并引起深部糜烂
苯酚	作用于皮肤、黏膜时,能与皮肤及皮下组织中的蛋白质作用,使蛋白质变性,从而破坏皮肤的结构组成,使细胞急剧坏死,造成皮肤溃烂

 进度检查

一、判断题

1. 硫酸、硝酸是腐蚀性药品。 （　　　）
2. 氨是盐类腐蚀性药品。 （　　　）

二、简答题

1. 指出氢氧化钠灼伤的腐蚀机理及症状。
2. 指出氢氰酸及氰化物灼伤的腐蚀机理及症状。

学习单元 3-2 实验室常见毒物及防毒措施

学习目标：在完成本单元学习之后，能够对实验室常见毒物中毒进行有效预防。
职业领域：化学、石油、环保、医药、冶金、食品等
工作范围：分析

一、常见毒物及其毒性

1. 常见毒物

毒物是指能侵入人体，使人的正常生理机能受到损伤或功能障碍的物质。毒物按照存在的状态不同分为三类，即有毒气体、有毒液体和有毒固体。常见毒物见表 3-3。

表 3-3 常见毒物

类型	名称
有毒气体	一氧化碳、氯气、硫化氢、氮的氧化物、二氧化硫、三氧化硫等
有毒液体	汞、溴、硫酸、硝酸、盐酸、高氯酸、氢氟酸、有机酚类、苯及其衍生物、氯仿、四氯化碳、乙醚、甲醇等
有毒固体	汞盐、砷化物、氢氧化物（钠或钾）、氰化物等

2. 常见毒物的毒性

实验室常见毒物的品种很多，不同的毒物对人体的危害因其性质不同而不同。一些常见毒物的主要毒性见表 3-4。

表 3-4 常见毒物的主要毒性

序号	名称	主要毒性
1	一氧化碳	低浓度时使人头痛、恶心、四肢无力；高浓度时使人不省人事、窒息死亡
2	氯气	气体刺激或损伤呼吸道及肺部。重者因肺内化学灼烧而立即死亡
3	硫化氢	低浓度时使人头痛、昏迷，刺激眼睛及呼吸道；吸入高浓度气体可使人突然中毒、虚脱而昏迷不醒
4	氮的氧化物	损伤呼吸道及深部呼吸器官（肺）。中毒初期咳嗽、气喘；吸入高浓度时，迅速出现窒息、痉挛而死亡（有时不呈现症状，有 $2\sim10h$ 的潜伏期）
5	二氧化硫、三氧化硫	刺激黏膜和呼吸道。低浓度时使人头痛、呼吸急促；高浓度时刺激眼睛，能引起结膜炎、气管炎及支气管炎直至死亡
6	硫酸、硝酸、盐酸	蒸气剧烈刺激眼睛黏膜和呼吸系统，浓溶液可使眼睛和皮肤严重烧伤
7	氢氟酸、高氯酸	能使黏膜和皮肤严重烧伤，溶液能灼伤所有组织，产生剧痛
8	氢氧化钠、氢氧化钾	能烧伤皮肤，重者可引起糜烂，误服可使口腔、食道、胃黏膜糜烂
9	氨气	刺激眼、鼻、呼吸道及黏膜

序号	名称	主要毒性
10	氰化物、氢氰酸	剧毒且作用极快。少量吸(侵)入人体就会唇舌麻木、乏力、头昏、呼吸增快、意识丧失,甚至死亡
11	砷化物	剧毒且作用极快。吸入少量会剧烈刺激鼻、咽部黏膜,引起咳嗽气喘、呼吸困难及黄疸、肝硬化、肝脾肿大。侵入皮肤会使皮肤脱落且不易愈合
12	汞及其化合物	剧毒品,损伤消化系统和神经系统且不能复原,有些化合物使肾损伤,有的导致皮炎
13	铅及其化合物	吸入粉尘或吞入使体内严重受损伤,是体内可长期积累的剧毒品
14	氯仿	具有强麻醉性,吸入会出现呕吐、神志不清。液体及气体都刺激眼睛;吞入损害心脏、肾、肝
15	四氯化碳	吸入气体时头痛、精神紊乱。液体及气体都刺激眼、鼻,损害心脏、肝、肾及神经系统,能致皮炎
16	乙醚	蒸气是强麻醉剂,使人失去知觉。低浓度时使人头昏
17	甲醇	吸入少量时,刺激黏膜,使人头晕、呼吸短促;吸入高浓度气体或吞入液体时,使神经损伤,特别是视神经,甚至会导致失明
18	苯及其同系物	引起系统(神经、呼吸等)性操作损伤,损害造血器官,扰乱人体内部生理过程
19	苯酚	刺激皮肤神经系统及黏膜,吸入出现恶心、呕吐、心悸、昏迷甚至死亡。固体灼伤皮肤使变白
20	苯胺、硝基苯	血中毒。嘴唇呈紫绀,毒害神经
21	甲醛	刺激眼、鼻、肺。有时致头痛

二、实验室预防中毒的措施

(1) 使用有毒气体或能产生有毒气体的操作,都应在通风橱中进行,操作人员应戴口罩。如发现有大量毒气逸至室内,应立即关闭气体发生器,打开门窗使空气畅通,并停止一切实验,停水、停电离开现场。

(2) 汞在常温下易挥发,其蒸气毒性很强。在使用、提纯或处理汞时必须在通风橱中进行。防止将汞洒落在实验台面或地板上,一旦洒落,立即收集,并用硫黄粉盖在洒落的地方,使其转化为不挥发的硫化汞。

(3) 使用煤气的实验室,应注意检查管道、开关是否漏气,用完后要立即关闭,以免煤气散入室内而引起人员中毒。检查漏气的方法是用肥皂水涂在可疑处,如有气泡就说明漏气。

(4) 使用和储存剧毒化学药品时,应注意的事项如下:

① 剧毒药品应指定专人负责收发与保管,密封保存,并建立严格的领用与保管制度。

② 取用剧毒药品必须做好安全防护工作。穿防护工作服,戴防护眼镜和橡胶手套,切勿让毒物沾及五官或伤口。

③ 剧毒药品的使用应严格遵守操作规程。

④ 使用过剧毒药品的仪器、台面均应用水清洗干净。手和脸更应仔细洗净,污染了的工作服也须及时换洗。

⑤ 对有毒药品的残渣必须作善后有效处理。如含有氰化物的残渣可用亚铁盐在碱性介质中销毁,不许乱丢乱放,不准随意倒入废液缸水槽或下水道中。

（5）使用强酸、强碱等具有强腐蚀性的药品时，应注意的事项如下：

① 取用时，须戴好防护眼镜和防护手套。配制酸碱溶液必须在烧杯中进行，不能在小口瓶或量筒中进行，以防骤热破裂或液体外溅出现事故。

② 移取酸液或碱液时，必须用移液管或滴管吸取或用量筒量取，绝不能用口吸取。

③ 强酸、强碱等强腐蚀性药品若不慎洒落在地上或分析台上，可用沙土吸取，然后再用水冲洗。切不可用纸、木屑、抹布等清除。

④ 开启氨水瓶时，须事先用自来水冷却，然后在通风橱内慢慢旋开瓶盖，瓶口不要对准人。

（6）禁止用实验室器皿作饮食工具。

进度检查

简答题

1. 简述硫化氢的主要毒性。

2. 简述甲醇的主要毒性。

3. 使用和储存剧毒化学药品时，应注意什么？

4. 使用强酸、强碱等具有强腐蚀性的药品时，应注意什么？

学习单元 3-3　防毒器材使用

学习目标： 在完成本单元学习之后，能够正确使用防毒器材。
职业领域： 化学、石油、环保、医药、冶金、食品等
工作范围： 分析

一、防毒器材的分类

防毒面具根据防毒原理分为隔绝式防毒面具和过滤式防毒面具。

隔绝式防毒面具是依据隔绝的原理，使人员呼吸器官、眼睛和面部与外界受污染空气隔绝，依靠自身携带的气源或靠导气管引入受污染环境以外的洁净空气为气源供气，保障人员正常呼吸和呼吸防护用品。

过滤式防毒面具是依据过滤吸收的原理，利用过滤材料过滤去除空气中的有毒、有害物质，将受污染空气转变为清洁空气供人员呼吸的一类呼吸防护用品。如防毒口罩和过滤式防毒面具。

过滤式防毒面具的使用要受环境的限制，当环境中存在着过滤材料不能滤除的有害物质，或氧气含量低于 18％，或有毒有害物质浓度较高（＞1％）时均不能使用，这种环境下应使用隔绝式防毒面具。

二、防毒器材的结构及使用方法

1. 自吸过滤式防毒面具

自吸过滤式防毒面具是指靠佩戴者呼吸克服部件阻力，防御有毒、有害气体或蒸气、颗粒物（如毒烟、毒雾）等危害其呼吸系统或眼面部的净气式防护用品。

防毒过滤件是指自吸过滤式防毒面具使用的，可滤除吸入空气中有毒、有害物质的过滤组件。防毒过滤件使用吸附材料过滤气体或者蒸气，过滤材料通常具有选择性，即对某类或某几类气体或蒸气有效。防毒过滤件有不同的类别，根据《呼吸防护　自吸过滤式防毒面具》(GB 2890—2022)，普通过滤件包括：

A 型：表色为褐色，用于防护有机气体或蒸气，例如苯、甲苯、二甲苯、正己烷、苯胺类、四氯化碳、硝基苯等；

B 型：表色为灰色，用于防护无机气体或蒸气，例如氯气、氰化氢、氯化氢等；

E 型：表色为黄色，用于防护二氧化硫和其他酸性气体或蒸气；

K 型：表色为绿色，用于防护氨及氨的有机衍生物；

CO 型：表色为白色，用于防护一氧化碳气体；

Hg 型：表色为红色，用于防护汞蒸气；

H$_2$S 型：表色为蓝色，用于防护硫化氢气体。

面罩是防毒面具的重要组成部分，是使人员面部与外界染毒空气隔离的部件。面罩一般由罩体、阻水罩（导流罩）、眼窗、通话器、呼（吸）气活门及头带组成，有的还根据需要设置有视力矫正镜片。

佩戴防毒面具时，使用者首先要根据自己的头型大小选择合适的面具。将中、上头带调整到适当位置，并松开下头带，用两手分别抓住面罩两侧，屏住呼吸，闭上双眼，将面罩下巴部位罩住下巴，双手同时向后上方用力撑开头带，由下而上戴上面罩，并拉紧头带，使面罩与脸部确实贴合，然后深呼一口气，睁开眼睛。

检查面罩佩戴气密性的方法是：用双手掌心堵住呼吸阀体进出气口，然后，猛吸一口气，如果面罩紧贴面部，无漏气即可，否则应查找原因，调整佩戴位置直至气密。

佩戴时应注意不要让头带和头发压在面罩密合框内，也不能让面罩的头带爪弯向面罩内。另外，使用者在佩戴面具之前应当将自己的胡须剃刮干净。

2. 正压式空气呼吸器

正压式空气呼吸器是用压缩空气为气源供佩戴者呼吸的正压自给式呼吸器，佩戴者呼出的气体通过面罩上的正压型呼气阀排入大气中，当吸气时，有适量的新鲜空气由贮气瓶经气瓶开关、减压器、中压导管、供给阀、面罩进入肺部，完成了整个呼吸循环过程。在这一过程中，由于面罩内的口鼻罩设有两个吸气阀和呼气阀，而且它们在呼吸过程中都是单方面开启的，因此整个气流始终是沿着一个方向流动，构成了整个循环过程。

操作步骤如下：

（1）检查准备

① 检查高、低压管路连接情况；

② 检查面罩视窗是否完好及其密封周边密闭性；

③ 检查减压阀手轮与气瓶连接是否紧密；

④ 检查气瓶固定是否牢靠；

⑤ 调整肩带、腰带、面罩束带的松紧程度，并将正压式呼吸器连接好待用；

⑥ 检查气瓶充气压力是否符合标准；

⑦ 检查气路管线及附件的密封情况；

⑧ 检查报警器灵敏程度。

（2）正确佩戴

① 按正确方法背好气瓶：解开腰带扣，展开腰垫；手抓背架两侧，将装具举过头顶；身体稍向前倾，两肘内收，使装具自然滑落于背部。

② 调整位置：手拉下肩带，调整装具的上下位置，使臀部承力。

③ 收紧腰带：扣上腰扣，将腰带两伸出端向侧后拉，收紧腰带。

④ 外翻头罩：松开头罩带子，将头罩翻至面窗外部。

⑤ 佩戴面罩：一只手抓住面窗突出部位将面罩置于面部，同时，另一只手将头罩后拉罩住头部。

⑥ 收紧颈带：两手抓住颈带两端向后拉，收紧颈带。

⑦ 收紧头带：两手抓住头带两端向后拉，收紧头带。

⑧ 检查面罩的密封性：手掌心捂住面罩接口，深吸一口气，应感到面窗向面部贴紧。

⑨ 打开瓶阀：逆时针转动瓶阀手轮（至少两圈），完全打开瓶阀。

⑩ 安装供气阀：使红色旋钮朝上将供气阀与面窗对接并逆时针转动 90°。正确安装好时，可听到卡滑入闩卡槽的"咔哒"声。

（3）终止使用

① 摘下面罩：捏住下面左右两侧的颈带扣环向前拉，即可松开颈带；然后同样再松开头带，将面罩从面部由下向上脱下。然后按下供气阀上部的橡胶保护罩节气开关，关闭供气阀。面罩内应没有空气流出，卸下装具。

② 关闭瓶阀：顺时针旋转瓶阀手轮，关闭瓶阀。

③ 系统泄压：打开冲泄阀放掉空呼器系统管路中压缩空气。等到不再有气流后，关闭冲泄阀。

④ 清理现场，整理好装具。

3. 生氧呼吸器

生氧呼吸器又称生氧式防毒面具，是利用人员呼出气中的二氧化碳和水蒸气与含有大量氧的生氧药剂反应生成氧气，使呼出气体经补氧和净化后，供人员使用的一种闭路循环式呼吸器。

生氧呼吸器的组织成包括生氧系统（含生氧罐、启动装置和应急装置）、降温系统（含冷却管、降温增湿器）、储气装置（含储气囊及排气阀）、保护外壳及背具等。其中，生氧系统中的生氧罐是面具的重要部件，内装超氧化钾、超氧化钠、过氧化钾或过氧化钠等生氧剂。这类碱性氧化物有脱除二氧化碳和生氧的作用。由于生氧和脱除二氧化碳的化学反应，会导致通过气流温度过高，因此需要有降温装置对气流进行降温以供人员呼吸。

使用时，呼出气体经呼吸活门、导气管进入生氧罐废气中的二氧化碳和水蒸气与生氧药剂反应生成氧气，经净化和补充氧的气流进入气囊供人员呼吸。

生氧式呼吸器的工作时间一般为 30～60min，比氧气呼吸器和空气呼吸器都短。

📑 进度检查

简答题

1. 简述过滤式防毒面具的工作原理。
2. 简述正压式空气呼吸器的工作原理。
3. 简述生氧呼吸器的工作原理。

学习单元 3-4　灼伤和中毒急救

学习目标： 在完成本单元学习之后，能够对灼伤和中毒进行急救。
职业领域： 化学、石油、环保、医药、冶金、食品等
工作范围： 分析

一、化学灼伤的预防与急救

1. 化学灼伤的预防措施

实验室中造成化学灼伤事故的原因很多，所以实验人员在实验前要认真做好准备，实验时严格按照操作规程进行，才能防止灼伤事故的发生。为防止化学灼伤事故的发生，实验室内的化学药品在贮存和使用过程中应严格遵守有关规定及操作规范。

① 实验室内人员应穿工作服，取用化学药品应戴防护手套，用药匙或镊子，切忌用手去拿。取强腐蚀性类药品时，除戴防护手套外，还应戴防护眼镜、口罩等。从大瓶中取浓硫酸应用虹吸法。

② 打开氨水、盐酸、硝酸、乙醚等药瓶封口时，应先盖上湿布，用冷水冷却后，再开动瓶塞，以防药品溅出引发灼伤事故。

③ 无标签的溶液不能使用，否则可能造成灼伤事故。

④ 稀释浓硫酸时，应将浓硫酸缓慢倒入水中，同时搅拌。切忌将水倒入浓硫酸中，以免骤热使酸溅出伤害皮肤和眼睛。

⑤ 使用过氧化钠或氢氧化钠进行熔融时，注意使坩埚口朝向无人的方向，而且不得把坩埚钳放在潮湿的地方，以免黏附的水珠滴入坩埚内发生爆炸和灼烧脸部，桌上要垫石棉板。

⑥ 在进行蒸馏等加热操作时，应将蒸馏等加热装置安装牢固，酸、碱及其他试剂的量应严格按要求加入，且要规范操作。

⑦ 实验用过的废液应专门处理，特别是能对人体发生危害的废液，更不能任意乱倒。

2. 化学灼伤的急救

化学灼伤是由化学试剂对人体引起的损伤，急救应根据灼伤的原因不同分别进行处理。发生化学灼伤时，首先应迅速解开衣服，清除皮肤上的化学药品，用大量的水冲洗，再以适合于消除这种化学药品的特种试剂、溶剂或药剂仔细处理伤处。实验室化学灼伤的一般急救方法见表 3-5。

在实验室内如果灼伤眼睛，急救应分秒必争。眼睛若被溶于水的化学试剂灼伤，应立即用水冲洗，冲洗时应避免水流直射眼球。也不要揉搓眼睛。在用细细的流水冲洗大约 15min 后，根据不同化学药品的灼伤，用不同的方法处理。若酸灼伤，用水冲洗后再用 $1\% \sim 3\%$

的碳酸氢钠溶液淋洗；若碱灼伤，用水冲洗后再用 1‰～2‰的硼酸溶液淋洗。如果眼睛受到溴蒸气的刺激，暂时不能睁开时，可对着盛有氯仿或酒精的瓶内注视片刻；若是溴水灼伤眼睛，也可用 1‰的碳酸氢钠溶液淋洗。

表 3-5　实验室化学灼伤的一般急救方法

引起灼伤的化学药品名称	急救方法
硫酸、盐酸、硝酸、磷酸、甲酸、乙酸、草酸	先用大量水冲洗患处，然后用 2%～5%的碳酸氢钠溶液洗涤，最后再用水冲洗，拭干后消毒，涂上烫伤油膏，用消毒纱布包扎好
氢氧化钠、氢氧化钾、氨、氧化钙、碳酸钠、碳酸钾	立即用大量水冲洗，然后用 2%乙酸冲洗或撒以硼酸粉，最后再用水冲洗，拭干、消毒后，涂上烫伤油膏，再用消毒纱布包扎好。氧化钙灼伤时，可用任一种植物油洗涤伤处
碱金属、氢氰酸、氰化物	立即用大量水冲洗，再用高锰酸钾溶液洗，之后用硫化铵溶液漂洗
氢氟酸	先用大量冷水冲洗或将伤处浸入 3%氨水或 10%碳酸铵溶液中，再以 2＋1 甘油及氧化镁悬乳剂涂抹，或用冰冷的饱和硫酸镁溶液洗
溴	先用水冲洗，再用 1 体积浓氨水＋1 体积的松节油＋10 体积 95%的乙醇混合液处理。也可用酒精擦至无溴存在为止，再涂上甘油或烫伤油膏
磷	不可将创面暴露于空气或用油质类涂抹，应先以 10g/L 硫酸铜溶液洗净残余的磷，再用 0.1%高锰酸钾溶液湿敷，外涂以保护剂，用绷带包扎
苯酚	先用大量水洗，再用 4 体积 70%乙醇和 1 体积 27%氯化铁的混合液洗，用消毒纱布包扎（或用 10%硫代硫酸钠注射，内服和注射大量维生素 C）
氯化锌、硝酸银	先用大量水洗，再用 50g/L 碳酸氢钠溶液漂洗，涂油膏及磺胺粉

二、中毒后的急救

1. 经呼吸系统急性中毒

① 使中毒者迅速离开现场，转移到通风良好的环境中，呼吸新鲜空气（或吸氧）。

② 若出现休克、虚脱或心脏功能不全症状，必须先作抗休克处理，如进行人工呼吸、给予氧气、兴奋剂。但氮的氧化物、氨、氯气、硫酸酸雾等中毒时不能施行人工呼吸。

③ 心脏跳动停止者，进行体外心脏按压，同时服用呼吸兴奋剂和强心剂。

2. 经口服而中毒

① 立即用 3%～5%小苏打（碳酸氢钠）溶液或 1：5000 的高锰酸钾溶液洗胃。洗胃时要一边喝，一边呕吐。最简单的呕吐办法是用手指或筷子压住舌根或服用少量（15～25mL）催吐剂（1%的硫酸铜或硫酸锌溶液），迅速将毒物吐出。

② 洗胃要反复多次进行，直至吐出物中基本无毒物为止。

③ 再服解毒剂，常用的解毒剂有鸡蛋清、牛奶、淀粉糊、橘子汁等。而有些解毒剂专用于某种中毒，如氰化物中毒时用硫代硫酸钠，磷中毒时用硫酸铜，钡中毒时用硫酸钠等。

3. 皮肤、眼睛、鼻、咽喉受毒物侵害

皮肤、眼睛、鼻、咽喉受毒物侵害时，应立即用大量的自来水冲洗，然后送医院急救。

一些常见毒物中毒后的急救方法见表 3-6。

表 3-6　常见毒物中毒后的急救方法

序号	名称	侵入途径	急救方法
1	一氧化碳	呼吸系统	转移至新鲜空气处;呼吸困难应进行人工呼吸并给予氧气;输入5%葡萄糖水1500~2000mL,同时呼吸衰竭时可注射强心剂(可拉明等)
2	氯气	呼吸系统、皮肤	转移至新鲜空气处;吸少量氧气;饮鲜牛奶,静脉注射50%葡萄糖40~100mL。眼、皮肤用水及2%小苏打水洗
3	硫化氢	呼吸系统、皮肤	迅速远离现场,呼吸新鲜空气或吸氧,如停止呼吸,立即进行人工呼吸,吸入氧气;眼部受刺激可用水或2%小苏打水冲洗
4	氰氧化物	呼吸系统	立即离开现场,呼吸新鲜空气或吸氧,禁做人工呼吸;静脉注射50%葡萄糖20~60mL
5	二氧化硫、三氧化硫	呼吸系统、皮肤	立即离开现场,呼吸新鲜空气,如肺水肿应输氧气;眼受刺激用水或2%小苏打水冲洗
6	硫酸、硝酸、盐酸	呼吸系统、皮肤	皮肤受伤,先用清水然后用饱和碳酸钠溶液冲洗;眼、鼻、咽喉受伤可用大量热水或2%碳酸氢钠溶液冲洗或含之漱口
7	氢氟酸、高氯酸	呼吸系统、皮肤	腐蚀皮肤用大量清水冲洗或将灼伤部位浸入3%氨水或10%碳酸钠溶液中;误服时用2%氯化钙或稀氨水洗胃;静脉注射10%葡萄糖酸钙或氧化钙等
8	氢氧化钠、氢氧化钾	皮肤、消化系统	接触皮肤,迅速用水和2%醋酸或硼酸溶液冲洗;如误服,避免洗胃和用催吐剂,应服用稀醋酸、酸果汁等
9	氨气	呼吸系统、皮肤	呼吸新鲜空气;皮肤用水或2%醋酸冲洗
10	氰化物、氢氰酸	呼吸系统、皮肤	迅速移至新鲜空气处,呼吸停止时立即做人工呼吸;误服时用1%硫代硫酸钠解毒;还需用2%小苏打洗胃;侵入皮肤,用清水和2%小苏打水冲洗
11	砷化物	呼吸系统、皮肤、消化系统	立即离开现场,吸入氧气或新鲜空气;注射二疏基丙醇并立即用炭粉、硫酸铁或氧化镁悬浮液洗胃;静脉注射葡萄糖、氧化钙或生理盐水
12	汞及其化合物	呼吸系统、皮肤、消化系统	眼及皮肤用水冲洗;吞入用活性炭粉悬浮液洗胃,饮牛奶解毒,立即注射二疏基丙醇
13	铅及其化合物	呼吸系统、皮肤	若吞入,立即洗胃;饮解毒剂;服泻药
14	氯仿	呼吸系统、皮肤	移至新鲜空气处,如停止呼吸立即做人工呼吸;皮肤用大量水冲洗后再用肥皂水冲洗
15	四氯化碳	呼吸系统、皮肤	移至新鲜空气处,如停止呼吸立即做人工呼吸;皮肤用大量水冲洗后再用肥皂水冲洗
16	乙醚	呼吸系统	呼吸新鲜空气或吸入氧气
17	甲醇	呼吸系统、消化系统	呼吸新鲜空气;眼用水冲洗;若吞入,洗胃,严重时送医院
18	苯及其同系物	呼吸系统、皮肤、消化系统	若吸入,移至新鲜空气处,进行人工呼吸和吸氧;若吞入,用水洗胃,静脉注射维生素C和葡萄糖醛酸
19	苯酚	呼吸系统、皮肤、消化系统	呼吸新鲜空气;眼用水冲洗;皮肤用2%碳酸氢钠和生理盐水冲洗,涂甘油;若吞入,用炭粉、氧化镁或3%硫酸钠溶液洗胃,必要时吸氧
20	苯胺、硝基苯	呼吸系统、皮肤	若吸入,呼吸新鲜空气或吸氧;皮肤用水冲洗后再用肥皂水洗
21	甲醛	呼吸系统	呼吸新鲜空气;皮肤用水冲洗;若吞入,洗胃,饮牛奶

📝 进度检查

简答题

1. 简述苯酚灼伤后的急救方法。
2. 简述一氧化碳中毒后的急救方法。

📖 素质拓展阅读

"毒苹果"事件

据报道，2008年10月至2009年7月，美国苹果公司在华供应商、位于苏州工业园区的联建（中国）科技有限公司在无尘作业车间使用价钱更便宜、清洁效果更好但有毒的正己烷替代酒精等清洗剂进行擦拭显示屏作业，直接接触使用正己烷的工人有800余人。据悉，部分中毒工人留下永久性后遗症，被评定为职业病九级或十级伤残。在媒体的广泛关注下，2011年2月15日，苹果公司首度承认，联建公司137名工人"因暴露于正己烷环境，健康遭受不利影响"，重症者瘫痪不起，出现肌肉萎缩，走路拖步，轻微者也需搀扶才能行走。

正己烷是一种高效清洗剂，低毒，但长期接触可导致人体出现头痛、头晕、乏力、四肢麻木等慢性中毒症状，严重的可导致晕倒、神志丧失甚至死亡。皮肤接触时应脱去被污染的衣着，用肥皂水和清水彻底冲洗皮肤。眼睛接触时应提起眼睑，用流动清水或生理盐水冲洗、就医。吸入时应迅速脱离现场至空气新鲜处，保持呼吸道通畅，如呼吸困难，给输氧。如呼吸停止，立即进行人工呼吸，就医。食入时应饮足量温水，催吐，就医。

模块 4　实验室火灾与爆炸的预防及处理

编号 FCJ-5-01

学习单元 4-1　燃烧与爆炸

学习目标： 在完成本单元学习之后，能够掌握燃烧与爆炸基本知识。
职业领域： 化学、石油、环保、医药、冶金、食品等
工作范围： 分析

一、燃烧及燃烧条件

1. 燃烧的含义

燃烧是可燃物与氧化剂作用发生的放热反应，通常伴有火焰、发光或发烟的现象。

燃烧是一种十分复杂的氧化还原反应。燃烧过程中，燃烧区的温度较高，使其中白炽的固体粒子和某些不稳定（或受激发）的中间物质分子内电子发生能级跃迁，从而发出各种波长的光。发光的气相燃烧区域称为火焰，它是燃烧过程中最明显的标志。由于燃烧不完全、不充分等原因，会使产物中产生一些固体小颗粒，这样就形成了烟。因此，物质是否发生了燃烧，可根据"化学反应、放出热量、发出光亮"这三个特征来判断。

通常将气相燃烧并伴有发光现象称为有焰燃烧，物质处于固体状态而没有火焰的燃烧称为无焰燃烧。气体、液体只会发生有焰燃烧；容易热解、升华或融化蒸发的固体主要为有焰燃烧；松散多孔的固体可燃物常常伴有无焰燃烧，如焦炭、香火、香烟等。

2. 燃烧的条件

（1）燃烧的必要条件　燃烧过程的发生和发展都必须具备以下三个必要条件，即可燃物、助燃物和引火源，这三个条件通常被称为"燃烧三要素"。只有这三个要素同时具备，可燃物才能够发生燃烧，无论缺少哪一个，燃烧都不能发生。

① 可燃物　凡是能与空气中的氧或其他氧化剂发生化学反应的物质，均称为可燃物，如纸张、木材、酒精、汽油等。

② 助燃物　凡是与可燃物结合能导致和支持燃烧的物质，称为助燃物，如广泛存在于空气中的氧气。

③ 引火源　凡使物质开始燃烧的外部热源（能源），称为引火源（也称点火源）。引火源温度越高，越容易点燃可燃物质。根据引起物质着火的能量来源不同，在生产生活实践中引火源通常有明火、高温物体、化学热能、电热能、机械热能、生物能、光能和核能等。

（2）燃烧的充分条件　具备了燃烧的必要条件，并不意味着燃烧必然发生。发生燃烧，其"三要素"彼此必须要达到一定量的要求，并且三者存在相互作用的过程，这就是发生燃

烧或持续燃烧的充分条件。即：

    ① 一定数量或浓度的可燃物。

    ② 一定含量的助燃物。

    ③ 一定能量的引火源。

    ④ 相互作用。

对于已经进行着的燃烧，若消除其中的任何一个条件，燃烧便会终止，这就是灭火的基本原理。

二、火灾及其分类

火灾是指在时间或空间上失去控制的燃烧。国家标准《火灾分类》（GB/T 4968—2008）根据可燃物的类型和燃烧特性将火灾分为六个不同的类别。

    ① A 类火灾：指固体物质火灾。这种物质通常具有有机物质性质，一般在燃烧时能产生灼热的余烬。如木材、干草、煤炭、棉、毛、麻、纸张等物资火灾。

    ② B 类火灾：指液体或可熔化的固体物质火灾。如煤油、柴油、原油、甲醇、乙醇、沥青、石蜡、塑料等火灾。

    ③ C 类火灾：指气体火灾。如煤气、天然气、甲烷、乙烷、丙烷、氢气等火灾。

    ④ D 类火灾：指金属火灾。如钾、钠、镁、钛、锆、锂、铝镁合金等火灾。

    ⑤ E 类火灾：指带电火灾。物体带电燃烧的火灾。

    ⑥ F 类火灾：指烹饪器具内的烹饪物（如动植物油脂）火灾。

三、燃烧产物

1. 燃烧产物的含义及分类

由燃烧或者热解作用而产生的全部物质，称为燃烧产物。它通常包括燃烧生成的烟气、热量和气体等。燃烧产物分为完全燃烧产物和不完全燃烧产物两类。可燃物质在燃烧过程中，如果生成的产物不能再燃烧，则称为完全燃烧，其产物为完全燃烧产物，例如二氧化碳、二氧化硫等；可燃物质在燃烧过程中，如果生成的产物还能继续燃烧，则称为不完全燃烧，其产物为不完全燃烧产物，例如一氧化碳、醇类、醚类、醛类等。

2. 燃烧产物的危害

燃烧产物大多是有毒有害气体，例如一氧化碳、氰化氢、二氧化硫等均对人体有不同程度的危害，往往会通过呼吸道侵入或刺激眼结膜、皮肤、黏膜使人中毒甚至死亡。据统计，在火灾中死亡的人约 75% 是由于吸入毒性气体中毒而死的。一氧化碳是火灾中致死的主要燃烧产物之一，其毒性在于对血液中血红蛋白有高亲和力。

建筑物内广泛使用的合成高分子等物质燃烧时，不仅会产生一氧化碳、二氧化碳，还会分解出乙醛、氯化氢、氰化氢等有毒气体，给人的生命安全造成更大的威胁。物质高温分解或燃烧时产生的固体和液体微粒、气体，连同夹带和混入的部分空气，就形成了烟气。烟气是一种混合物，具有毒害性、高温性、遮光性等，也给人的生命安全带来威胁。

四、爆炸

爆炸是物质的一种急剧的物理、化学变化。在变化过程中伴有物质所含能量的快速释放，变为对物质本身、变化产物或周围介质的压缩能或动能。爆炸时物系压力急剧升高。

一般说来，爆炸具有以下特征：

① 爆炸过程进行得很快。

② 爆炸点附近压力急剧升高，这是爆炸最主要的特征。

③ 发出或大或小的声音。

④ 周围介质发生震动或邻近物质遭到破坏。

火灾与爆炸事故的关系在一般情况下，火灾起火后火势逐渐蔓延扩大，随着时间的增加，损失急剧增加。对于火灾来说，初期的救火尚有意义。而爆炸则是突发性的，在大多数情况下，爆炸过程在瞬间完成，人员伤亡及物质损失也在瞬间造成。火灾可能引发爆炸，因为火灾中的明火及高温能引起易燃物爆炸。如油库或炸药库失火可能引起密封油桶、炸药的爆炸；一些在常温下不会爆炸的物质，如醋酸，在火场的高温下有变成爆炸物的可能。爆炸也可以引发火灾，爆炸抛出的易燃物可能引起大面积火灾。如密封的燃料油罐爆炸后由于油品的外泄可引起火灾。因此，发生火灾时，要防止火灾转化为爆炸；发生爆炸时，又要考虑到引发火灾的可能，及时采取防范抢救措施。

🖊 进度检查

一、选择题

1. 火灾使人致命的最主要的原因是（　　）。

A. 被人践踏　　　　　B. 窒息　　　　　　　C. 烧伤

2. 天然气火灾属于（　　）火灾。

A. A 类　　　　　　B. B 类　　　　　　C. C 类　　　　　　D. D 类

二、判断题

1. 爆炸点附近压力急剧升高是爆炸最主要的特征。（　　）

2. 实验室乙醇着火属于 C 类火灾。（　　）

3. 任何单位和个人都有维护消防安全、保护消防设施、预防火灾、报告火警的义务。

（　　）

三、简答题

1. 什么是燃烧？燃烧的必要条件有哪些？

2. 什么是爆炸？爆炸有哪些特征？

学习单元 4-2　实验室火灾爆炸的原因

学习目标：在完成本单元学习之后，能够预防实验室火灾爆炸的发生。
职业领域：化学、石油、环保、医药、冶金、食品等
工作范围：分析

实验室产生火灾与爆炸的原因主要有以下几种：

（1）易燃、易爆危险品贮存、使用或处理不当　如贮存易燃性物质时，温度升高到燃点；银氨溶液在受光、热等外界条件的作用下，易分解放热而引起爆炸；使用乙炔银、三硝基甲苯等易爆炸品时，若操作不慎，使其受到摩擦、碰撞或震动；将遇水能发生燃烧和爆炸的钾、钠等存放在潮湿的地方或不慎与水接触；贮存白磷的瓶口封闭不严密，长久放置，水分蒸发而使白磷外露等都可能引起燃烧和爆炸。

（2）装置安装不当　加热、蒸馏、制气等装置安装不正确、不稳妥、不严密，产生蒸气泄漏，或由于操作不规范产生迸溅现象，遇到加热的火源极易发生燃烧与爆炸。如用油浴加热蒸馏或回流有机化合物时，常常由于橡胶管在冷凝管的侧管上套得不紧密、冷凝水流得过猛，橡胶管被冲出来，冷凝水溅入热的油浴中，将油外溅到热源上引起火灾。

（3）对实验室火源管理不严，违反操作规则　对火源，主要是明火管理不严，如未熄灭的火柴梗、电器设备因接触不良而引起的电火花。在使用加热设备时，违反操作规则也可导致火灾，如使用煤气、液化气时用明火试漏，气源离炉具太近；酒精灯、酒精喷灯、煤气喷灯的酒精和煤油加得过多等都易引起燃烧或爆炸。

（4）强氧化剂与有机物或还原剂接触混合　如高氯酸及其盐、硝酸钴或亚硝酸与有机物混合，磷与硝酸混合，活性炭与硝酸铵混合，抹布与浓硫酸接触，木材或织物等与硝酸接触，铝与有机氯化物混合，液氧与有机物混合等都极易引起火灾或爆炸。

（5）电气设备使用不当　如使用电器功率过大；电线接头外露；电线老化；随意更换保险丝；随意加大负荷，烧坏仪器引起火灾。

（6）易燃性气体或液体的蒸气　易燃性气体或液体蒸气在空气中达到了爆炸极限范围，与明火接触时，易发生燃烧和爆炸。

实验室发生火灾的原因尽管很多，但火源是引起燃烧、导致火灾的重要条件之一，所以必须对火源严加控制、科学管理，有效地预防火灾的发生。

进度检查

一、判断题

1. 银氨溶液在受光、热等外界条件的作用下，不易分解放热而引起爆炸。　　　（　　）

2. 液氧与有机物混合容易引起火灾或爆炸。   （　　）

二、简答题

1. 举例说明哪些危险品贮存、使用或处理不当容易引起燃烧和爆炸。

2. 实验室产生火灾与爆炸的原因主要有哪几种？

学习单元 4-3　实验室防火防爆的措施

学习目标： 在完成本单元学习之后，能够采取实验室防火防爆的措施。
职业领域： 化学、石油、环保、医药、冶金、食品等
工作范围： 分析

一、实验室防火防爆的措施

（1）实验室内易燃、易爆品应妥善保存，放在通风、阴凉和远离火源、电源及热源的位置，并且贮存量不宜过大。易燃性物质应保存在小口瓶内，盖紧瓶塞（保存有机溶剂的瓶塞不能用橡胶塞），切勿放置在敞口容器内。

（2）蒸馏或回流易燃、低沸点液体时，应注意如下几点。

① 加热前应在烧瓶内放数粒沸石或一端封口的毛细管，以防液体因过热暴沸冲出。

② 严禁用明火直接加热烧瓶，应根据加热液体沸点的高低选用石棉网、水浴、油浴或砂浴。

③ 蒸馏烧瓶内的液量，不能超过烧瓶容量的 1/3（极限 1/2），加热时温度不宜升高太快，以免局部过热而引起蒸馏液暴沸冲出。

④ 蒸馏前应先开冷凝水，然后再加热，而且冷凝水要始终保持畅通。

⑤ 蒸馏或回流的装置应安装稳妥正确，不能漏气，在加热中如发现漏气，应立即停止加热。认真检查漏气原因，若因塞子被腐蚀而发生漏气，则应待液体冷却后，才能换掉塞子。若漏气不严重，可用石膏封口；但绝不能用蜡涂抹封口，因为蜡受热时易熔化，不仅不能起到密封作用，还会溶解于有机物中，引起火灾。从蒸馏装置接收器出来的尾气应远离火源，最后用导气管引到实验室外或通风橱内。

⑥ 蒸馏或回流有机溶剂时，应远离火源，并应先将酒精、高氯酸钾等易燃、易爆危险品移走。

（3）在处理大量的可燃性液体时，应在通风橱或指定地方进行，室内应无火源。因为易燃性的有机溶剂，特别是沸点较低的有机物，在室温条件下易挥发，当它们的蒸气在空气中达到爆炸极限的浓度范围内时，遇明火即发生爆炸。通常有机溶剂的蒸气密度大于空气密度，它们一般都沉聚在地面或低洼处，并在地面上向远处移动，因此，不能将有机溶剂倒在废液缸或下水道中，更不得在实验室内将燃着或有火星的木条、纸条等乱抛乱扔，也不得丢入废液中，否则很容易发生火灾爆炸事故。

（4）加热易燃性有机溶剂时，不能将有机溶剂放在广口瓶（如烧杯）内直接加热；加热必须在水浴中进行，切勿使容器密闭，否则会造成爆炸。当附近有露置的易燃物质时，应先将其移开，再点火加热。

（5）制取或使用易燃、易爆气体（如氢气、乙炔等）时，要保持室内空气畅通、严禁明

火，防止一切火星、火花的产生。检查气体纯度时，应取少量远离制气装置方可点燃，否则气体纯度较差时，遇明火会发生燃烧、爆炸事故。

（6）强氧化剂（如氯酸钾、过氧化物、浓硝酸、高氯酸钾等）不能与有机物、还原剂接触。沾有氧化剂的工作服应立即洗净。

（7）对具有爆炸性的危险品，如干燥的重氮盐、硝酸酯、金属炔化物、三硝基甲苯、雷酸盐等，使用时必须严格遵守操作规则，不能使其受到高热、重压、碰撞或震动，以免引起严重的爆炸事故。

（8）白磷应保存在水中；金属钾、金属钠等应保存在煤油中；过氧化钠保存在封盖的铁盒里，且不要沾水。

（9）使用乙醚时，必须检查有无过氧化物存在，如果发现有过氧化物存在，应用还原剂（如硫酸亚铁等）还原除去后才能使用。蒸馏乙醚时，切勿蒸干，否则会发生爆炸或燃烧事故。

（10）银氨溶液久置后极易爆炸，所以不能长期保存。各种化学药品不能任意混合，特别是某些强氧化剂如氯酸盐、高锰酸盐、硝酸盐、高氯酸盐等绝不能混在一起研磨，否则将会引起爆炸。

（11）进行可能发生燃烧或爆炸的试验时，应在专设的防爆现场进行。同时必须采取安全措施，如穿防护服、戴防护眼镜和防护面罩等。使用可能发生爆炸的化学药品时，必须在不碎玻璃的通风橱中进行操作，并设法减少药品的用量或降低试液浓度进行小量试验。对未知物料进行试验时，必须先了解清楚再进行试验，切不可大意。

（12）马弗炉、定碳炉、烘箱应放在水泥台上，电炉、电水浴等低温加热器可放在实验台上，但下面须铺有石棉板。实验室内的电器设备应装有地线和保险开关。

总之，应根据具体的实验项目、实验方法、实验条件及各种化学危险品的物理、化学性质，采取相应的防火防爆措施。

二、火灾现场处理措施

（1）根据火灾的轻重、燃烧物的性质、周围的环境和现有的条件，采用相应的手段灭火。初期火势不大时，应迅速利用实验室内的灭火器材（如沙箱、灭火毯、石棉布、灭火器等）或其他措施控制和扑救。

（2）在灭火的同时，移走着火点附近的易燃、易爆物品，断电并关掉各种气体阀门，以防火势蔓延。火势比较大时，迅速撤离现场并拨打火警电话 119 报警。

（3）根据不同情况可采取以下措施

① 对在容器中（如烧杯、烧瓶、漏斗等）发生的局部小火，可用石棉网、表面皿等盖灭。

② 有机溶剂在桌面或地面上蔓延燃烧时，可用细沙或灭火毯扑灭。

③ 钠、钾等金属着火时，通常用干燥的细沙覆盖。严禁用水和 CO_2 灭火器灭火，否则会导致猛烈的爆炸。

④ 若衣服着火，立即脱除衣物，一般小火可用湿毛巾、灭火毯等包裹使火熄灭。若火势较大，可就近用水龙头浇灭，必要时可就地卧倒打滚。

⑤ 在实验过程中，若因冲料、渗漏、油浴着火等引起反应体系着火时，可用几层灭火

毯包住着火部位，隔绝空气使其熄灭，必要时使用灭火器。

⑥ 实验室仪器设备因用电或线路发生故障引起着火时，应立即切断现场电源，并组织人员用灭火器进行灭火。

（4）发现着火时，应保持镇静，不要惊慌，尽快沿着安全出口方向离开火情发生地到空旷平台处集合。只有在确认没有重大危险发生时，才可试图灭火。灭火时自己要面向火而背向消防通道，必要时可及时利用通道撤离。

（5）熟悉实验室的逃生通道，出现紧急情况须保持冷静，认清方向，迅速按演练中安排的路线撤离。应尽量往楼层下面跑，如通道被烟火封闭则应背向烟火方向离开。

（6）禁止通过电梯逃生，如果楼梯已经烧断，则可通过在固定的物体上拴绳子、搓成绳的被单等逃生。

（7）为了防止浓烟呛人窒息，可采用湿毛巾、口罩遮住口鼻，匍匐撤离。

（8）如果无法撤离，应退居室内，关闭通往着火区的门窗，还可向门窗上浇水，延缓火势蔓延，并向窗外伸出衣物或抛出物件发出求救信号或呼喊，等待救援。

⚖ 进度检查

一、判断题

1. 银氨溶液可以长期保存。 （　　）

2. 金属钾、金属钠等应保存在煤油中。 （　　）

二、简答题

1. 蒸馏或回流易燃、低沸点液体时，应注意哪些问题？

2. 如何预防实验室火灾或者爆炸的发生？

烈火英雄杨科璋

2015年5月29日，玉林市新民社区泉源街一栋9层正在改建的民宅突然发生火灾。有人被困在5楼，情况十分危急。玉林市消防支队调派16辆消防车65名官兵赶赴现场。

玉林市消防支队杨科璋主动请缨，带领搜救组逐层搜索至5楼。找到了受困的母子3人。3人被有毒浓烟熏得瘫软在地，2岁女童一直大哭。浓烟滚滚不断涌来，情势非常危急，众人都面临着死亡的威胁。

杨科璋果断行动，抱起女孩开始撤离。浓烟中能见度极低，女童又哭又闹、使劲挣扎，杨科璋抱着她边哄边在黑暗中摸索寻找转移通道。突然，他一脚踏空，掉进了尚未安装电梯的电梯井里，瞬间失去踪影……

凌晨5时，大火被扑灭，搜救人员打开一楼的卷闸门发现，杨科璋仰面朝上，口鼻处都是血迹，双臂成环状，紧抱着女童……经紧急抢救，女童得以生还，杨科璋壮烈牺牲。

参与抢救的医生说："从本能应急反应来说，意外跌跤都会自然张开双手，寻找支撑保护，但他始终没有松手。如果不是他紧紧抱住，并当'保护垫'缓冲，女童绝无生还可能。"

杨科璋在血与火、生与死的考验面前，把生的希望留给群众，用忠肝义胆诠释了军人的忠诚与光荣。

"有速度的青春，满是激情的生命，热爱这岗位，几回出生入死，这一次，身躯在黑暗中跌落，但你护住了怀抱中最珍贵的花朵，你在时，如炽热的阳光，你离开，是灿烂的晚霞。"这是《感动中国》2017年度人物杨科璋的颁奖词。

模块 5 　化工生产安全技术

编号 FCJ-20-01

学习单元 5-1 　电气安全技术

学习目标： 在完成本单元学习之后，能够掌握电气安全技术。
职业领域： 化学、石油、环保、医药、冶金、食品等
工作范围： 分析

一、触电及防护技术

1. 触电伤害

触电伤害是指电流形态的能量对人体的伤害，分为电击和电伤两种。

（1）电击　电击是电流直接通过人体造成的伤害。电击时电流通过人体内部，破坏人的心脏、神经系统、肺部的正常工作，造成伤害。电流通过人体，会引起麻感、针刺感、打击感、痉挛、疼痛、呼吸困难、血压异常、昏迷、心律不齐、窒息、心室纤维性颤动等症状。数十至数百毫安的小电流通过人体短时间使人致命的最危险的原因是引起心室纤维性颤动。呼吸麻痹和中止、电休克虽然也可能导致死亡，但其危险性比心室纤维性颤动的危险性小得多。发生心室纤维性颤动时，心脏每分钟颤动 1000 次以上，但幅值很小，而且没有规则，血液实际上中止循环，如抢救不及时，数秒钟至数分钟患者将由诊断性死亡转为生物性死亡。

（2）电伤　电伤是电流转换成热能、机械能等其他形态的能量作用于人体造成的伤害。电伤主要发生在局部。按照电流转换成作用于人体的能量的不同形式，电伤分为电弧烧伤、电流灼伤、皮肤金属化、电烙印、电气机械性伤害、电光眼等伤害。

①电弧烧伤是由弧光放电造成的烧伤，是最危险的电伤。电弧温度高达 8000℃，可造成四肢及其他部位大面积、大深度的烧伤，甚至烧焦、烧毁。发生弧光放电时，熔化了的炽热金属飞溅出来还会造成烫伤。高压电弧和低压电弧都能造成严重烧伤。高压电弧的烧伤更为严重。

②电流灼伤是电流通过人体由电能转换成热能造成的伤害。电流越大、通电时间越长、电流途径上的电阻越大，电流灼伤越严重。

③皮肤金属化是电弧使金属熔化、汽化，金属微粒渗入皮肤造成的伤害。

④电烙印是电流通过人体后在人体与带电体接触的部位留下的永久性斑痕。

⑤电气机械性伤害是电流作用于人体时，由于中枢神经强烈反射和肌肉强烈收缩等作用造成的机体组织断裂、骨折等伤害。

⑥电光眼是指眼球外膜（角膜或结膜）发炎。起因是眼睛受到紫外或红外线照射，4～

8h后发作，眼睑皮肤红肿，结膜发炎，严重时角膜透明度受到破坏，瞳孔收缩。

2. 触电类型

触电事故可分成两类：一是电气设备正常运行时，如在生产或检修中，人体触及运行中通电的导体，包括中性体所造成的直接触电；二是在故障条件下人体触及带电的外露可导电部分和外界可导电部分所致，这种触电也叫间接触电。

触电的方式有三种：低压触电、高压放电和跨步电压。

（1）低压触电　单相低压触电是指人体某部位接触地面，而另一部位触及一相带电体的触电事故。在低压供电系统中相电压为220V是确定的，因此触电电流取决于人体电阻。大部分触电事故是单相触电事故。

两相低压触电是指人体两部分同时触及两相带电体的触电事故，两相触电多发生在检修过程中。由于两相触电加在人体上的电压是线电压，为相电压的1.73倍，即380V，因此触电危害远大于单相触电。

（2）高压放电　当人体靠近1000V以上高压带电体时，会发生高压放电而导致触电，而且电压越高放电距离越远。

（3）跨步电压　当带电体发生接地故障时，在接地点附近会形成电位分布，人位于接地点附近，两脚所处的电位不同，这种电位差即为跨步电压。跨步电压的大小取决于接地电压的高低和人距接地点的距离。高压线落地会产生一个以落地点为中心的半径为8～10m的危险区域。

3. 触电原因

影响触电危险程度的主要因素为：通过人体电流的大小、电流途径、触电电压高低、人体阻抗、电流通过人体持续的时间、电流的频率等。从手到脚的电流途径最危险，因为电流将会通过人体的重要器官，其次是一只手到另一只手，最后是一只脚到另一只脚。

产生触电的原因：缺乏电气安全意识和知识；违反操作规程；维护不良；电气设备存在安全隐患。

4. 触电救护

（1）触电急救的重要性　人体触电后通常出现神经麻痹、呼吸中断、心脏停止跳动等症状。当发现触电者呈现为昏迷不醒的假死状态时，切不可放弃急救。据统计资料表明，触电后1min开始抢救，有约90%成功率；触电后6min开始抢救有约10%的成功率；触电后12min开始抢救，施救成功的可能很小。可见及时抢救相当重要。

（2）脱离电源的方法　迅速使触电者脱离电源是触电急救的首要步骤，方法如下：立即断开触电电源的开关或拔下其插头；如未发现开关，应借助附近干燥的木棍、绳索等绝缘物将触电者与电源分开。高压触电则必须通知变电所切断电源后，方可靠近触电者抢救。

（3）抢救措施　触电者脱离电源应立即在现场抢救，措施要适当。触电者伤害较轻，未失去知觉，仅在触电时一度昏迷过，则应使其就地安静休息1～2h，但要继续观察。

触电者伤害较重，有心脏跳动而无呼吸则应立即做人工呼吸并拨打120；有呼吸而无心脏跳动则应采取人工体外心脏按压术救治并拨打120。

触电者伤害很重，呼吸、心脏跳动均已停止、瞳孔放大，此时必须同时采取口对口人工呼吸和胸外心脏按压术，进行人工复苏术抢救并拨打120。尽可能耐心坚持6h以上，直到救活或确诊死亡为止。应注意在转送医院途中也不可中断抢救措施。

5. 触电防护技术

触电事故具有突发性和隐蔽性，但也具有一定的规律性。在实践的基础上，不断研究其规律性，采取相应的防护措施，可以有效地预防触电事故的发生。合理选用电气装置是减少触电危险和火灾爆炸危害的重要措施。在干燥少尘的环境中，可采用开户式或封闭式电气设备；在潮湿和多尘的环境中，应采用封闭式电气设备；在腐蚀性气体的环境中，必须采用封闭式电气设备；在易燃易爆的环境中，必须采用防爆式电气设备。

（1）屏蔽和障碍防护 对于某些开启式开关电器的活动部分不便绝缘，或高压设备的绝缘不能保证人在接近时的安全，应设立屏蔽或障碍防护措施。

将带电部分用遮栏或外壳与外界完全隔开，以避免人们从任何方向直接触及带电部分。

设置阻挡物用于防止无意的直接接触，如在生产现场可采用板状、网状、筛状阻挡物。由于阻挡物的防护功能有限，因此在采用时应附设警告信号灯、警告信号标志等。必要时可设置声、光报警信号及联锁保护装置。

（2）绝缘防护 用绝缘材料将带电部分全部包裹起来，防止在正常工作条件下与带电部分的任何接触。所采取的绝缘保护应根据所处环境和应用条件，对绝缘材料规定绝缘性能参数，其中绝缘电阻、泄漏电流、介电强度是最主要的参数。常见的绝缘材料有瓷、云母、橡胶、塑料、棉布、纸、矿物油等。电气设备的绝缘性能由绝缘材料和工作环境决定，其指标为绝缘电阻，绝缘电阻越大，则电气设备泄漏的电流越小，绝缘性能越好。

除设备的绝缘防护外，工作人员应根据需要配备相应的绝缘防护用品，如绝缘手套、绝缘鞋、绝缘垫等。

（3）漏电保护 漏电保护器是一种在设备及线路漏电时，保证人身和设备安全的装置，其作用在于防止漏电引起的人身伤害，同时可防止由于漏电引起的设备火灾。通常用在故障情况下的触电保护，但可作为直接触电防护的补充措施，以便在其他直接防护措施失败或操作者疏忽时实行直接触电防护。

按照国家标准规定的要求，在电源中性直接接地的保护系统中，在规定的场所、设备范围内必须安装漏电保护器和实现漏电保护器的分级保护。对一旦发生漏电切断电源，会造成事故和重大经济损失的装置和场所，应安装报警式漏电保护器。

（4）安全间距 为了防止人体、车辆触及或接近带电体造成事故，防止过电压放电和各种短路事故，国家规定了各种安全间距，大致可分为四种：各种线路的安全距离、变配电设备的安全距离、各种用电设备的安全距离、检修维修时的安全距离。为了防止各种电气事故的发生，带电体与地面之间、带电体与带电体之间、带电体与人体之间、带电体与其他设施设备之间，均应保持安全距离。

厂区内起重作业时起重臂可能会触及架空线，导致起重作业区内形成跨步电压，严重威胁作业人员安全。因此在架空线附近进行起重作业，应严格管理，起重机具及重物与线路导线的最小距离应符合规定。

（5）安全电压 安全电压是按人体允许承受的电流和人体电阻值的乘积确定的。一般情况下视电流 10mA（交流）为人体允许电流，但在电击可能造成严重二次事故的场合，如水中或高空，允许电流应按不引起人体强烈痉挛的 5mA 来考虑。人体电阻一般在 $1000 \sim 2000\Omega$ 之间，但在潮湿、多汗、多粉尘的情况下，人体电阻只有数百欧姆。因此，当电气设备需要采用安全电压来防止触电事故时，应根据使用环境、人员和使用方式等因素选用不同等级的安全电压。安全电压的等级为42V、36V、24V、12V和6V。

国内过去多采用36V、12V两种等级的安全电压。手提灯、危险环境的携带式电动工具和局部照明灯、高度不足2.5m的一般照明灯，如无特殊安全结构或安全措施，宜采用36V安全电压。凡工作地狭窄、行动不便以及周围有大面积接地导体的环境（如金属容器、管道内）的手提照明灯，应采用12V安全电压。

安全电压应由隔离变压器供电，使输入与输出电路隔离；安全电压电路必须与其他电气系统和任何无关的可导电部分实现电气上的隔离。

（6）保护接地与接零　保护接地是把用电设备在故障情况下可能出现的危险的金属部分（如外壳等）用导线与接地体连接起来，使用电设备与大地紧密连通。在电源为三相三线制的中性点不直接接地或单相制的电力系统中，应设保护接地线。

保护接零是把电气设备在正常情况下不带电的金属部分（外壳），用导线与低压电网的零线（中性线）连接起来。在电压为三相四线制的变压器中性点直接接地的电力系统中，应采用保护接零。

二、静电危害及控制

1. 静电的产生

（1）静电原理　静电简单的说是对观测者而言处于相对静止的电荷。当两个物体相互紧密接触时，在接触面产生电子转移，而分离时造成两物体各自正、负电荷过剩，由此形成了两物体带静电。两种不同的物质相互之间接触和分离后带的电荷的极性与各种物质的逸出功有关。所谓逸出功是电子脱离原来的物质表面所需要做的功。两物体相接触，甲的逸出功比乙的逸出功大，则甲对电子的吸引力强于乙，电子就会从乙转移到甲，于是逸出功较小一方失去电子带正电，而逸出功大的一方就获得电子带负电。如果带电体电阻率高，导电性能差，则该物体中的电子移动困难，静电荷易于积聚。

产生静电的因素有许多种，而且往往是多种因素综合作用。除两物体直接接触、分离起电外，以下因素也可导致静电：带电微粒附着到绝缘固体上，使之带静电；感应起电；固定的金属与流动的液体之间会出现电解起电；固体材料在机械力作用下产生压电效应；流体、粉末喷出时，与喷口剧烈摩擦而产生喷出带电等。

（2）物体电阻率　物体上产生了静电，能否积聚起来主要取决于电阻率。静电导体难于积聚静电，而静电非导体能积聚足够的静电而引起各种静电现象。

一般汽油、苯、乙醚等物质的电阻率在 $10^{10} \sim 10^{13} \Omega \cdot m$ 之间，它们容易积聚静电。金属的电阻率很小，电子运动快，所以两种金属分离后，显不出静电。

水是静电良导体，但当少量的水混杂在绝缘的液体中，因水滴液晶相对流动要产生静电，反而使液晶静电量增多。金属是良导体，但当它被悬空后就和绝缘体一样，也会带上静电。

（3）静电种类

① 固体静电　固体物质大面积的摩擦，如纸张与辊轴、橡胶或塑料碾制、传动皮带与皮带轮或传送皮带与导轮摩擦等；固体物质在压力下接触而后分离，如塑料压制、上光等；固体物质在挤出过滤时与管道、过滤器等发生的摩擦，如塑料、橡胶的挤出等；固体物质的

粉碎、研磨和搅拌过程中其他一些类似的工艺过程均可能产生静电。

② 粉体静电 粉体是固体的一种特殊形态，与整块固体相比，粉体具有分散性和悬浮状态的特点。由于它的表面积增加使其更容易产生静电。粉体的悬浮性又使得铝粉、镁粉等金属粉体通过空气与地绝缘，也能产生和积聚静电，因此粉体比一般固体有着更大的静电危险性。粉体静电与粉体材料性质、输送管道、搅拌器或料槽材料性质、粉体的颗粒大小和表面几何特征、工艺输送速度、运动时间长短、载荷量等有关。

③ 液体静电 液体在输送、喷射、混合、搅拌、过滤、灌注、剧烈晃动过程中，会产生带电现象。如在石油炼化企业中，从原油的贮运、半成品、成品油的加工过程中，都有反复的加温、加压、喷射、输送、灌注运输等过程，都会产生大量的静电，有时达到数千至数万伏，一旦放电可造成非常严重的后果。液体的带电与液体的电阻率（电导率）、液体所含杂质、管道材料和管道内壁情况、注液管、容器的几何形状、过滤器的规格与安装位置、流速和管径等有关。

④ 气体（蒸气）静电 纯净的气体在通常条件下不会引起静电，但由于气体中往往含有悬浮液体微粒或灰尘等固体颗粒，当高压喷出时相互间摩擦、分离，能产生较强的静电，如二氧化碳气体由钢瓶喷出时静电可达 8kV。气体静电与气体的性质、喷出速度、管径及材质、固体或液体微粒的性质及几何形态、压力、密度、温度等有关。

⑤ 人体静电 通常情况下，人体电阻在数百欧姆至数千欧姆之间，可以说人体是一个静电导体。当人们穿着一般的鞋袜、衣服时，在干燥环境中人体就成了绝缘导体。当人进行各种活动时，由于衣服之间、皮肤与衣服、鞋与地面、衣服与接触的各种介质间发生摩擦，可产生几千伏甚至上万伏的静电。如在相对湿度 39% 的情况下，人体从铺有 PVC 薄膜的软椅上突然起立时人体电位可达 18kV。

人体在静电场中也会感应起电，如果人体与地绝缘，就成为独立的带电体。如果空间存在带电颗粒，人们在此环境中可产生吸附带电。人体静电的极性和数值受人们所处的环境的温湿度、所穿的内外衣的材质、鞋、袜、地面、运动速度、人体对地电容等因素影响。

2. 静电的危害

静电放电是带电体周围的场强超过周围介质的绝缘击穿场强时，因介质电离而使带电体上的电荷部分或全部消失的现象。其静电能量变为热量、声能、光能、电磁波能量等而消耗，这种放电能量较大时，就会成为火灾、爆炸的点火源。

（1）爆炸和火灾 在有可燃液体的作业场所（如油料装运等），可能由静电火花引起火灾；在有气体、蒸气爆炸性混合物或有粉尘纤维爆炸性混合物的场所，如含有乙炔、煤粉、铝粉、面粉等的场所，可能由静电引发爆炸。

（2）电击 当人体带电体时，或带静电的人体接近接地体时，都可能产生静电电击。虽然静电的电击能量较小，不足以直接伤害人体，但可能导致坠落、摔倒等，造成第二次事故。

（3）影响生产 静电的存在，可能干扰正常的生产过程，损坏设备，降低产品质量。如静电使粉尘吸附在设备上，影响粉尘的过滤和输送，降低设备的寿命；静电放电能引起计算机、自动控制设备的故障或误动，造成各种损失。

3. 静电控制技术

（1）防静电的主要场所 静电的主要危险是引起火灾和爆炸，因此，静电可能引起火灾、爆炸安全事故的场所必须采取防静电措施，如：

① 生产、使用、贮存、输送、装卸易燃易爆物品的生产装置；

② 产生可燃性粉尘的生产装置、干式集尘装置以及装卸料场所；

③ 易燃气体、易燃液体槽车和船的装卸场所；

④ 有静电电击危险的场所。

（2）静电控制措施

① 工艺控制法　工艺控制法就是从工艺流程、设备结构、材料选择和操作管理等方面采取措施限制静电的产生或控制静电的积累，使之不能到达危险的程度。具体方法有：限制输送速度；对静电的产生区和逸散区采取不同的防静电措施，正确选择设备和接触物品的材料；合理安排物料的投入顺序；消除产生静电的附加源，如液流的喷溅、冲击、粉尘在料斗内的冲击等，增加空气湿度。增加空气湿度的主要作用是降低绝缘体的表面电阻率，从而便于绝缘体通过自身泄放静电。因此，如工艺条件许可，可增加室内空气的相对湿度至 50%以上。

② 泄漏导走法　泄漏导走法即是将设备接地，使之与大地连接，消除导体上的静电。这是消除静电最基本的方法。可以利用工艺手段对空气增湿、添加抗静电剂，使带电体的电阻率下降或规定静置时间和缓冲时间等，使所带的静电荷得以通过接地系统导入大地。

常用的静电接地连接方式有静电跨接、直接接地、间接接地等三种。静电跨接是将两个以上、没有电气连接的金属导体进行电气上的连接，使相互之间大致处于相同的静电电位。直接接地是将金属体与大地进行电气上的连接，使金属体的静电电位接近于大地，简称接地。间接接地是将非金属全部或局部表面与接地的金属相连，从而获得接地的条件。一般情况下，金属导体应采用静电跨接和直接接地。在必要的情况下，为防止导走静电时电流过大，需在放电回路中串接限流电阻。

所有金属装置、设备、管道、贮罐等都必须接地。不允许有与地相绝缘的金属设备或金属零部件。各专设的静电接地端子电阻不应大于 100Ω。

不宜采用非金属管输送易燃液体。如必须采用，应采用可导电的管子或内设金属丝、网的管子，并将金属丝、网的一端可靠接地或采用静电屏蔽。

加油站管道与管道之间，如用金属法兰连接，可不另接跨接线，但必须有五个以上螺栓可靠连接。

平时不能接地的汽车槽车和槽船在装卸易燃液体时，必须在预设地点按操作规程的要求接地，所用接地材料必须在撞击时不会发生火花。装卸完毕后，必须按规定待物料静置一定时间后，才能拆除接地线。

③ 静电中和法　静电中和法是利用静电消除器产生的消除静电所必需的离子来对异性电荷进行中和。非导体，如橡胶、胶片、塑料薄膜、纸张等在生产过程中产生的静电，应采用静电消除器消除。

（3）人体防静电措施　人体带电除了能使人遭到电击和影响安全生产外，还能在精密仪器或电子器件生产中造成质量事故。

① 人体接地　在人体必须接地的场所，工作人员应随时用手接触接地棒，以清除人体所带的静电。在重点防火防爆岗位场所的入口处、外侧，应有裸露的金属接地物，如采用接地的金属门、扶手、支架等。属 0 区或 1 区的爆炸危险场所，且可燃物的最小点燃能量在

0.25mJ 以下时，工作人员应穿防静电鞋、工作服。禁止在爆炸危险场所穿脱衣服、鞋帽。

② 工作地面导电化　特殊场所的地面，应是导电性的或具备导电条件。这个要求可通过洒水或铺设导电地板来实现。

③ 安全操作　工作中应尽量不进行可使人体带电的活动，如接近或接触带电体；操作应有条不紊，避免急骤性动作；在有静电危险的场所，不得携带与工作无关的金属物品，如钥匙、硬币、手表等；合理使用规定的劳动保护用品和工具，不准使用化纤材料制作的拖布或抹布擦洗物体或地面。

进度检查

一、判断题

1. 电流对人体造成死亡的原因主要是电击。　　　　　　　　　　　　（　　）
2. 跨步电压不会导致人体触电。　　　　　　　　　　　　　　　　　（　　）
3. 静电的存在，不会干扰正常的生产过程，损坏设备，降低产品质量。（　　）

二、简答题

1. 触电防护技术有哪些？
2. 静电控制技术有哪些？
3. 脱离电源的方法有哪些？

学习单元 5-2 化工单元设备安全运行

学习目标： 在完成本单元学习之后，能够确认化工单元设备的安全运行。
职业领域： 化学、石油、环保、医药、冶金、食品等
工作范围： 分析

一、泵的安全运行

泵是化工单元中的主要流体输送机械。泵的安全运行涉及流体的平衡、压力的平衡和物系的正常流动。

保证泵的安全运行的关键是加强日常检查，包括：定时检查各轴承温度；定时检查各出口阀压力、温度；定时检查润滑油压力，定期检验润滑油油质；检查填料密封泄漏情况，适当调整填料压盖螺栓松紧；检查各传动部件有无松动和异常声音；检查各连接部件紧固情况，防止松动。泵在正常运行中不得有异常振动声响，各密封部位应无滴漏，压力表、安全阀灵活好用。

二、换热器的安全运行

换热器是用于两种不同温度介质进行传热即热量交换的设备，又称"热交换器"，可使一种介质降温而另一种介质升温。换热器一般也是压力容器，除了承受压力载荷外，还有温度载荷（产生热应力），并常伴有振动和特殊环境的腐蚀。

换热器的运行中涉及工艺过程中的热量交换、热量传递和热量变化，过程中如果热量积累，造成超温就会发生事故。

化工生产中对物料进行加热（沸腾）、冷却（冷凝），由于加热剂、冷却剂等的不同，换热器具体的安全运行要点也有所不同。

① 蒸汽加热必须不断排除冷凝水，否则积于换热器中，会部分或全部变为无相变传热，传热速率下降。同时还必须及时排放不凝性气体，因为不凝性气体的存在使蒸汽冷凝的给热系数大大降低。

② 热水加热，一般温度不高，加热速度慢，操作稳定，只有定期排放不凝性气体，才能保证正常操作。

③ 烟道气一般用于生产蒸汽或加热、汽化液体，烟道气的温度较高，且温度不易调节，在操作过程中，必须时时注意被加热物料的液位、流量和蒸汽产量，还必须做到定期排污。

④ 导热油加热的特点是温度高（可达400℃）、黏度较大、热稳定性差、易燃、温度调节困难，操作时必须严格控制进出口温度，定期检查进出管口及介质流道是否结垢，做到定期排污、定期放空、过滤或更换导热油。

⑤ 水和空气冷却操作时，应注意根据季节变化调节水和空气的用量，用水冷却时，还

要注意定期清洗。

⑥ 冷冻盐水冷却操作时，温度低，腐蚀性较大，在操作时应严格控制进出口的温度，防止堵塞介质通道，要定期放空和排污。

⑦ 冷凝操作需要注意的是，定期排放蒸汽侧的不凝性气体，特别是减压条件下不凝性气体的排放。

三、精馏设备的安全运行

精馏过程涉及热源加热、液体沸腾、气液分离、冷却冷凝等过程，热平衡安全问题和相态变化安全问题是精馏过程安全的关键。精馏设备包括精馏塔、再沸器和冷凝塔等。精馏设备的安全运行主要取决于精馏过程的加热载体、热量平衡、气液平衡、压力平衡以及被分离物料的热稳定性和填料选择的安全性。

1. 精馏塔设备的安全运行

由于工艺要求不同，精馏塔的塔型和操作条件也不同。因此，保证精馏过程的安全操作控制也是各不相同的。通常应注意的是：

① 精馏操作前应检查仪器、仪表、阀门等是否齐全、正确、灵活，做好启动前的准备。

② 预进料时，应先打开放空阀，充氮置换系统中的空气，以防在进料时出现事故，当压力达到规定的指标后停止，再打开进料阀，打入指定液位高度的料液后停止进料。

③ 再沸器投入使用时，应打开塔顶冷凝器的冷却水（或其他介质），对再沸器通蒸汽加热。

④ 在全回流情况下继续加热，直到塔温、塔压均达到规定指标。

⑤ 进料与出产品时，应打开进料阀进料，同时从塔顶和塔釜采出产品，调节到指定的回流比。

⑥ 控制调节精馏塔的实质是控制塔内气、液相负荷大小，以保持塔设备良好的质热传递，获得合格的产品，但气、液相负荷是无法直接控制的，生产中主要通过控制温度、压力、进料量和回流比来实现。运行中，要注意各参数的变化，及时调整。

⑦ 停车时，应先停进料，再停再沸器。停产品采出（如果对产品要求高也可先停），降温降压后再停冷却水。

2. 精馏辅助设备的安全运行

精馏装置的辅助设备主要是各种形式的换热器，包括塔底溶液再沸器、塔顶蒸气冷凝器、料液预热器、产品冷却器等，另外还需管线以及流体输送设备等。其中，再沸器和冷凝器是保证精馏过程能连续进行稳定操作必不可少的两个换热设备。

再沸器的作用是将塔内最下面的一块塔板流下的液体进行加热，使其中一部分液体发生汽化变成蒸气而重新回流入塔，以提供塔内上升的气流，从而保证塔板上气、液两相的稳定传质。

冷凝器的作用是将塔顶上升的蒸气进行冷凝，使其成为液体，之后将一部分冷凝液从塔顶回流入塔，以提供塔内下降的液流，使其与上升气流进行逆流传质接触。

再沸器和冷凝器在安装时应根据塔的大小及操作是否方便而确定其安装位置。对于小塔，冷凝器一般安装在塔顶，这样冷凝液可以利用位差而回流入塔；再沸器则可安装在塔底。对于大塔（处理量大或塔板数较多时），冷凝器若安装在塔顶部则不便于安装、检修和清理，此时可将冷凝器安装在较低的位置，回流液则用泵输送入塔；再沸器一般安装在塔底外部。

四、反应器的安全运行

反应器根据操作方式分间歇式、连续式和半连续式。典型的釜式反应器主要由釜体、封头、搅拌器、换热部件及轴密封装置组成。

1. 釜体及封头的安全

釜体及封头提供足够的反应体积，以保证反应物达到规定转化率所需的时间。釜体及封头应有足够的强度、刚度和稳定性及耐腐蚀能力，以保证运行可靠。

2. 搅拌器的安全

搅拌器的安全可靠是许多放热反应、聚合过程等安全运行的必要条件。搅拌器选择不当，可能发生中断或突然失效，造成物料反应停滞、分层、局部过热等，以至发生各种事故。

五、蒸发器的安全运行

蒸发器主要由加热室和蒸发室两部分组成。蒸发器开车前，应仔细检查加热室中是否有水，检查和准备泵、仪器、蒸汽和冷凝水管道。根据不同的控制装置，根据预先设定的程序操作和监控。

蒸发器设备操作时，必须认真操作，严格控制。注意监测蒸发器各部分的运行情况及规定指标。通常情况下，应按规定的时间间隔检查调整蒸发器的运行情况，并如实做好记录。当设备处于稳定运行状态下，不要轻易改变参数，否则会使设备处于不平衡状态，需要花费一定时间调整以达平缓，这样就造成生产的损失或者出现更坏的影响。

蒸发器在长时间不启动或因维修需要排空的情况下，应完全停车。对装置进行小型维修只需短时间停车时，应使装置处于备用状态。如果发生重大事故，则应采取紧急停车。

进度检查

一、判断题

1. 精馏塔停车时，应先停进料，再停再沸器。 （　　）
2. 蒸发器的选型不需要考虑是否容易结晶或析出结晶等因素。 （　　）

二、简答题

1. 泵的安全运行需要注意哪些方面？
2. 换热器的安全运行需要注意哪些方面？
3. 反应器的安全运行需要注意哪些方面？

学习单元 5-3 化学反应基本安全技术

学习目标： 在完成本单元学习之后，能够掌握化学反应基本安全技术。
职业领域： 化学、石油、环保、医药、冶金、食品等
工作范围： 分析

化工生产过程可以看成是由原料预处理过程、反应过程和反应产物后处理过程三个基本环节构成的。其中，反应过程是化工生产过程的中心环节。各种化学品的生产过程中，以化学为主的处理方法可以概括为具有共同化学反应特点的典型化学反应。化学反应是有新物质形成的一种变化。在发生化学反应时，物质的组成和化学性质都发生了改变。化学反应以质变为其最重要的特征，还伴随着能量的变化。化学反应过程必须在某种适宜条件下进行。例如，反应物料应有适宜的组成、结构和状态，应要在一定的温度、压力、催化剂以及反应器内的适宜流动状况下进行。化学反应的类型有氧化反应、还原反应、硝化反应、磺化反应、聚合反应等，各类反应的工业生产都有其安全技术要点。

一、氧化反应的安全技术要点

① 必须保证反应设备的良好传热能力。可以采用夹套、蛇管以及外循环冷却等方式；同时采取措施避免冷却系统发生故障，如在系统中设计备用泵和双路供电等；必要时应有备用冷却系统。为了加速热量传递，要保证搅拌器安全可靠运行。

② 反应设备应有必要的安全防护装置。应设置安全阀等紧急泄压装置，超温、超压、含氧量高限报警装置和安全联锁及自动控制等。为了防止氧化反应器在万一发生爆炸或着火时危及人身和系统安全，进出设备的物料管道上应设阻火器、水封等防火装置，以阻止火焰蔓延，防止回火。在设备系统中宜设置氮气、水蒸气灭火装置，以便能及时扑灭火灾。

③ 氧化过程中以空气或氧气作氧化剂时，反应物料的配比应严格控制在爆炸范围之外。空气进入反应器之前，应经过气体净化装置，消除空气中的灰尘、水汽、油污以及可使催化剂活性降低或中毒的杂质，以保持催化剂的活性，减少着火和爆炸的危险。

④ 使用硝酸、高锰酸钾等氧化剂时，要严格控制加料速度、加料顺序，杜绝加料过量、加料错误。固体氧化剂应粉碎后使用，最好呈溶液状态使用。反应中要不间断搅拌，严格控制反应温度，决不许超过被氧化物质的自燃点。

⑤ 使用氧化剂时，如使用氯酸钾氧化生成铁蓝颜料时，应控制产品烘干温度不超过其燃点。在烘干之前应用清水洗涤产品，将氧化剂彻底清洗干净，以防止未完全反应的氯酸钾引起已烘干物料起火。有些有机化合物的氧化，特别是在高温下氧化，在设备及管道内可能产生焦状物，应及时清除，以防止局部过热或自燃。

⑥ 氧化反应使用的原料及产品，应按有关危险品的管理规定，采取相应的防火措施，

如隔离存放、远离火源、避免高温和日晒、防止摩擦和撞击等。如果是易燃液体或气体，应安装除静电的接地装置。

二、还原反应的安全技术要点

① 有氢的存在时，必须遵守国家爆炸危险场所安全规定。车间内的电气设备必须符合防爆要求，且不能在车间顶部敷设电线及安装电线接线；厂房通风要好，采用轻质屋顶，设置天窗或风帽，防止氢气的积聚；加压反应的设备要配备安全阀，反应中产生压力的设备要装设爆破片；最好安装氢气浓度检测和报警装置。

② 可能造成氢腐蚀的场合，设备、管道的选材要符合要求，并应定期检测。

③ 当用雷氏镍来活化氢气进行还原反应时，必须先用氮气置换反应器内的全部空气，并经过测定证实设备内含氧量降到标准，才可通入氢气。反应结束后应先用氮气把反应器内的氢气置换干净，才可打开孔盖出料，以免外界空气与反应器内氢气相遇，在雷氏镍自燃的情况下发生着火爆炸。雷氏镍应当储存于酒精中。回收钯碳时应用酒精及清水充分洗涤，抽真空过滤时不能抽得太干，以免氧化着火。

④ 当保险粉（连二亚硫酸钠）用于溶解使用时，要严格控制温度，可以在开动搅拌的情况下，将保险粉分批加入水中，待溶解后再与有机物接触反应；应妥善储藏保险粉，防止受潮。

⑤ 当使用硼氢化钾（钠）作还原剂时，在工艺过程中调节酸、碱度时要特别注意，防止加酸过快、过多；硼氢化钾（钠）应储存于密闭容器中，置于干燥处，防水防潮并远离火源。

⑥ 在使用氢化锂铝作还原剂时，要特别注意必须在氮气保护下使用。氢化锂铝遇空气和水都能燃烧，氢化锂铝平时浸没于煤油中储存。

⑦ 操作中必须严格控制温度、压力、流量等反应条件及反应参数，避免生成爆炸危险性很大的中间体。

⑧ 尽量采样危险性小、还原效率高的新型还原剂代替火灾危险性大的还原剂。例如，用硫化钠代替铁粉进行还原，可以避免氢气产生，同时还可消除铁泥堆积的问题。

三、硝化反应的安全技术要点

① 硝化设备应确保严密不漏，防止硝化物料溅到蒸汽管道等高温表面上而引起爆炸或燃烧。同时严防硝化器夹套焊缝因腐蚀使冷却水漏入硝化物中。如果管道堵塞，可用蒸汽加温疏通，千万不能用金属棒敲打或明火加热。

② 车间厂房设计应符合国家爆炸危险场所安全规定。车间内电气设备要防爆，通风良好。严禁带入火种。检修时应尤其注意防火安全，报废的管道不可随便拿用，避免意外事故发生。必要时硝化反应器应采取隔离措施。

③ 采用多段式硝化器可使硝化过程达到连续化，使每次投料少，减少爆炸中毒的危险。

④ 配制混酸时，应先用水将浓硫酸稀释，稀释应在搅拌和冷却情况下将浓硫酸缓慢加入水中，以免发生爆溅。浓硫酸稀释后，在不断搅拌和冷却条件下加浓硝酸。应严格控制温度以及酸的配比，直至充分搅拌均匀为止。配制混酸时要严防因温度猛升而冲料或爆炸，更不能把未经稀释的浓硫酸与硝酸混合，以免引起突沸冲料或爆炸。

⑤ 硝化过程中一定要避免有机物质的氧化。仔细配制反应混合物并除去其中易氧化的组分。硝化剂加料应采用双重阀门控制好加料速度，反应中应连续搅拌，搅拌机应当有自动启动的备用电源，并备有保护性气体搅拌和人工搅拌的辅助设施，随时保持物料混合良好。

⑥ 向硝化器中加入固体物质时，必须采用漏斗等设备使加料工作机械化，从加料器上部的平台上使物料沿专用的管子加入硝化器中。

⑦ 硝基化合物具有爆炸性，形成的中间产物（如二硝基苯酚盐，特别是铅盐）有巨大的爆炸威力。在蒸馏硝基化合物（如硝基甲苯）时，应防止热残渣与空气混合发生爆炸。

⑧ 避免油从填料函落入硝化器中引起爆炸，硝化器搅拌轴不可使用普通机油或甘油作润滑剂，以免被硝化形成爆炸性物质。

⑨ 对于特别危险的硝化产物（如硝化甘油），则需将其放入装有大量水的事故处理槽中。在万一发生事故时，将物料放入硝化器附设的相当容积的紧急放料槽。

⑩ 分析取样时应当防止未完全硝化的产物突然着火，防止烧伤事故。

四、磺化反应的安全技术要点

① 使用磺化剂时必须严格防水防潮、严格防止接触各种易燃物，以免发生火灾爆炸。经常检查设备管道，防止因腐蚀造成穿孔泄漏，引起火灾和腐蚀伤害事故。

② 保证磺化反应系统有良好的搅拌和有效的冷却装置，以及时移走反应热，避免温度失控。

③ 严格控制原料纯度（主要是含水量），投料操作时顺序不能颠倒，速度不能过快，以控制正常的反应速率和反应热，以免正常冷却失效。

④ 反应结束，注意放料安全，避免烫伤及腐蚀伤害。

⑤ 磺化反应系统应设置安全防爆装置和紧急放料装置，一旦温度失控，立即紧急放料，并进行紧急冷处理。

五、烷基化反应的安全技术要点

① 车间厂房设计应符国家爆炸危险场所安全规定。应严格控制各种点火源，车间内电气设备要防爆，通风良好。易燃易爆设备和部位应安装可燃气体监测报警仪，设置完善消防设施。

② 妥善保存烷基化催化剂，避免其与水、水蒸气以及乙醇等物质接触。

③ 烷基化的产品存放时需注意防火安全。

④ 烷基化反应操作时应注意控制反应速率。例如，保证原料、催化剂、烷基化剂等的正常加料顺序、加料速度，保证连续搅拌等，避免发生剧烈反应引起跑料，造成着火或爆炸事故。

六、氯化反应的安全技术要点

① 车间厂房设计应符合国家爆炸危险场所安全规定。应严格控制各种点火源，车间内电气设备要防爆，通风良好。易燃易爆设备和部位应安装可燃气体监测报警仪，设置完善的消防设施。

② 最常用的氯化剂是氯气。在化工生产中，氯气通常液化储存和运输。常用的容器有

储罐、气瓶和槽车等。储罐中的液氯进入氯化器之前必须先进入蒸发器使其汽化。在一般情况下不能把储存氯气的气瓶或槽车当储罐使用，否则有可能使被氯化的有机物质倒流进气瓶或槽车，引起爆炸。一般情况下，氯化器应装设氯气缓冲罐，以防止氯气断流或压力减小时形成倒流。氯气本身的毒性较大，须避免其泄漏。

③ 液氯的蒸发汽化装置，一般采用汽水混合作为热源进行升温，加热温度一般不超过 50℃。

④ 氯化反应是一个放热过程，氯化反应设备必须具备良好的冷却系统。必须严格控制投料配比、进料速度和反应温度等，必要时应设置自动比例调节装置和自动联锁控制装置。尤其在较高温度下进行氯化，反应更为剧烈。例如在环氧氯丙烷生产中，丙烯预热至 300℃左右进行氯化，反应温度可升至 500℃，在这样的高温下如果物料泄漏就会造成燃烧或引起爆炸。若反应速率控制不当，正常冷却失效，温度剧烈升高亦可引起事故。

⑤ 反应过程中存在遇水猛烈分解的物料如三氯化磷、三氯氧磷时，不宜用水作为冷却介质。

⑥ 氯化反应几乎都有氯化氢气体生成，因此所用设备必须防腐蚀，设备应保证严密不漏，且应通过增设吸收和冷却装置除去尾气中的氯化氢。

七、电解反应的安全技术要点

① 保证盐水质量。盐水中如含有铁杂质，能够产生第二阴极而放出氢气。盐水中带入铵盐，在适宜条件下（pH＜4.5 时），铵盐和氯作用可生成氯化铵，氯作用于浓氯化铵溶液还可生成黄色油状的三氯化氮。三氯化氮是一种爆炸性物质，与许多有机物接触或加热至 90℃以上及被撞击时，即可发生剧烈的分解爆炸。因此，盐水配制必须严格控制质量，尤其铁、钙、镁和无机铵盐的含量。应尽可能采用盐水纯度自动分析装置，这样可以观察盐水成分的变化，随时调节碳酸钠、苛性钠、氯化钡和丙烯酸铵的用量。

② 盐水高度应适当。在操作中向电解的阳极室内添加盐水，如盐水液面过低，氢气有可能通过阳极网渗入到阳极室内与氯气混合。若电解槽盐水装得过满，在压力下盐水会上涨。因此，盐水添加不可过少或过多，应保持一定的安全高度。采用盐水供应器应间断供给盐水，以避免电流的损失，防止盐水导管被电流腐蚀。

③ 阻止氢气与氯气混合。氢气是极易燃烧的气体，氯气是氧化性很强的有毒气体，一旦两种气体混合极易发生爆炸。当氯气中含氢量达到 5％以上，则随时可能在光照或受热情况下发生爆炸。造成氯气和氢气混合的原因主要有：阳极室内盐水液面过低；电解槽氢气的出口堵塞引起阳极室压力升高；电解槽的隔膜吸附质量差；石棉绒质量不好，在安装电解槽时破坏隔膜，造成隔膜局部脱落或者送电前注入的盐水量过大将隔膜冲坏等。这些都可能引起氯气中含氢量增高。此时应对电解槽进行全面检查，将单槽氯含氢浓度以及总管氯含氢浓度控制在规定值内。

④ 严格遵守电解设备的安装要求。由于电解过程中有氢气存在，故有着火爆炸的危险。所以电解槽应安装在自然通风良好的单层建筑物内，厂房应有足够的防爆泄压面积。

⑤ 掌握正确的应急处理方法。在生产中，当遇突然停电或其他原因突然停车时，高压阀不能立即关闭，以免电解槽中氯气倒流而发生爆炸。应在电解槽后安装放空管，及时减压，并在高压阀门上安装单向阀，有效地防止跑氯，避免污染环境和带来火灾危险。

八、聚合反应的安全技术要点

① 反应器的搅拌和温度应有控制和联锁装置，设置反应抑制剂添加系统，出现异常况时能自动启动抑制剂添加系统，自动停车。高压系统应设爆破片、导爆管等，要有良好的静电接地系统。

② 严格控制工艺条件，保证设备的正常运转，确保冷却效果，防止暴聚。冷却介质要充足，搅拌装置应可靠，还应采取避免粘壁的措施。

③ 控制好过氧化物引发剂在水中的配比，避免冲料。

④ 设置可燃气体检测报警仪，以便及时发现单体泄漏，采取对策。

⑤ 特别重视所用溶剂的毒性及燃烧爆炸性，加强对引发剂的管理。电气设备采取防爆措施，消除各种火源。必要时，对聚合装置采取隔离措施。

⑥ 乙烯高压聚合反应，压力为 $100 \sim 300\mathrm{MPa}$、温度为 $150 \sim 300℃$、停留时间为 10s 至数分钟。操作条件下乙烯极不稳定，能分解成碳、甲烷、氢气等。乙烯高压聚合的防火安全措施有：添加反应抑制剂或加装安全阀来防止暴聚反应；采用防黏剂或在设计聚合管时设法在管内周期性地赋予流体以脉冲，防止管路堵塞；设计严密的压力、温度自动控制连锁系统；利用单体或溶剂汽化回流及时清除反应热。

⑦ 氯乙烯聚合反应所用的原料除氯乙烯单体外，还有分散剂（明胶、聚乙烯醇）和引发剂（过氧化二苯甲酰、偶氮二异庚腈、过氧化二碳酸等）。主要安全措施有：采取有效措施及时除去反应热，必须有可靠的搅拌装置；采用加水相阻聚剂或单体水相溶解抑制剂来减少聚合物的黏壁作用，减少人工清釜的次数、减小聚合岗位的毒物危害；聚合釜的温度采用自动控制。

⑧ 丁二烯聚合反应，聚合过程中接触和使用的酒精、丁二烯、金属钠等危险物质，不能暴露于空气中；在蒸发器上应备有联锁开关，当输送物料的阀门关闭时（此时管道可能发生爆炸），该联锁装置可将输入切断；为了控制猛烈反应，应有适当的冷却系统，冷却系统应保持密闭良好，并需严格地控制反应温度；丁二烯聚合釜上应装安全阀，同时连接管安装爆破片，爆破片后再连接一个安全阀；聚合生产系统应配有纯度保持在 99.5% 以上的氮气保护系统，在危险可能发生时立即向设备充入氮气加以保护。

进度检查

一、判断题

1. 氢化锂铝平时应浸没于煤油中储存。 （　　）
2. 磺化反应系统可以不需要搅拌装置。 （　　）
3. 氯化反应是一个放热反应。 （　　）

二、简答题

1. 氧化反应的安全技术要点有哪些？
2. 硝化反应的安全技术要点有哪些？
3. 聚合反应的安全技术要点有哪些？

学习单元 5-4 化工单元操作安全技术

学习目标： 在完成本单元学习之后，能够掌握化工单元操作安全技术。
职业领域： 化学、石油、环保、医药、冶金、食品等
工作范围： 分析

一、物料输送

在化工生产过程中，经常需要将各种原料、中间体、产品以及副产品和废弃物从一个地方输送到另一个地方。由于所输送物料的形态不同（块状、粉状、液体、气体），所采用的输送方式也各异。但不论采取何种形式的输送，保证输送的安全都是十分重要的。

1. 液态物料输送

液态物料可借其位能沿管道向低处输送。而将其由低处输往高处或由一地输往另一地（水平输送），或由低压处输往高压处，以及为保证一定流量克服阻力所需要的压头，则需要依靠泵来完成。泵的种类较多，通常有往复泵、离心泵、旋转泵、流体作用泵等。

液态物料输送危险控制要点如下：

① 输送易燃液体宜采用蒸汽往复泵。如采用离心泵，则泵的叶轮应用有色金属制造，以防撞击产生火花。设备和管道均应有良好接地，以防静电引起火灾。由于采用虹吸和自流的输送方法较为安全，故应优先选择。

② 对于易燃液体，不可采用压缩空气压送，因为空气与易燃液体蒸气混合，可形成爆炸性混合物，且有产生静电的可能。对于闪点很低的可燃液体，应用氮气或二氧化碳等惰性气体压送。闪点较高及沸点在130℃以上的可燃液体，如有良好的接地装置，可用空气压送。

③ 临时输送可燃液体的泵和管道（胶管）连接处必须紧密、牢固，以免输送过程中管道受压脱落漏料而引起火灾。

④ 用各种泵类输送可燃液体时，其管道内流速不应超过安全速度，且管道应有可靠的接地措施，以防静电聚集。同时要避免吸入口产生负压，以防空气进入系统导致爆炸或抽瘪设备。

2. 气态物料输送

气体物料的输送往往采用压缩机。按气体的运动方式，压缩机可分为往复压缩机和旋转压缩机两类。气态物料输送危险控制要点如下：

① 输送液化可燃气体宜采用液环泵，因液环泵比较安全。在抽送或压送可燃气体时，进气入口应该保持一定余压，以免造成负压吸入空气形成爆炸性混合物。

② 为避免压缩机汽缸、储气罐以及输送管路因压力增高而引起爆炸，要求这些部分要

有足够的强度。此外，要安装经核验准确、可靠的压力表和安全阀（或爆破片）。安全阀泄压时将危险气体导至安全的地点。还可根据情况安装压力超高报警器、自动调节装置或压力超高自动停车装置。

③ 压缩机在运行中不能中断润滑油和冷却水，并注意冷却水不能进入汽缸，以防发生水锤。

④ 气体抽送时压缩设备上的垫圈易损坏漏气，应注意经常检查及时换修。

⑤ 压送特殊气体的压缩机，应根据所压送气体物料的化学性质，采取相应的防火措施。如乙炔压缩机同乙炔接触的部件不允许用铜来制造，以防产生具有爆炸危险的乙炔铜。

⑥ 可燃气体的管道应经常保持正压，并根据实际需要安装逆止阀、水封和阻火器等安全装置，管内流速不应过高。管道应有良好的接地装置，以防静电聚集放电引起火灾。

⑦ 可燃气体和易燃蒸气的抽送、压缩设备的电机部分，应为符合防爆等级要求的电气设备。否则，应隔离设置。

⑧ 当输送可燃气体的管道着火时，应及时采取灭火措施。对管径在 150mm 以下的管道，一般可直接关闭闸阀熄火；管径在 150mm 以上的管道着火时，不可直接关闭闸阀熄火，应采取逐渐降低气压、通入大量水蒸气或氨气灭火的措施，但气体压力不得低于 50～100Pa。严禁突然关闭闸阀或水封，以防回火爆炸。当着火管道被烧红时，不得用水骤然冷却。

二、加热、熔融与干燥

1. 加热

加热过程危险性较大，装置加热方法一般为蒸汽或热水加热、载热体加热以及电加热等。

① 采用水蒸气或热水加热时，应定期检查蒸汽夹套和管道的耐压强度，并应装设压力计和安全阀。可与水会发生反应的物料，不宜采用水蒸气或热水加热。

② 采用充油夹套加热时，需将加热炉门与反应设备用砖墙隔离，或将加热炉设于车间外面。油循环系统应严格密闭，不准热油泄漏。

③ 为了提高电加热设备的安全可靠程度，可采用较大截面的导线，以防过负荷。采用防潮、防腐蚀、耐高温的绝缘层，增加绝缘层厚度。电感应线圈应密封起来，防止与可燃物接触。

④ 电加热器的电炉丝与被加热设备的器壁之间应有良好的绝缘，以防短路引起电火花，将器壁击穿，使设备内的易燃物质或漏出的气体和蒸气发生燃烧或爆炸。在加热或烘干易燃物质，以及受热能挥发可燃气体或蒸气的物质时，应采用封闭式电加热器，电加热器不能安放在易燃物质附近，导线的负荷能力应能满足加热器的要求，应采用插头向插座上连接方式。工业上用的电加热器，在任何情况下都要设置单独的电路，并要安装适合的熔器。

⑤ 在采用明火加热工艺过程中，加热炉门与加热设备间应用砖墙完全隔离，不使厂房内存在明火。加热锅内残渣应经常清除以免局部过热引起锅底破裂。以煤粉为燃料时，料斗应保持一定存量，不许倒空，避免空气进入，防止煤粉爆炸，制粉系统应安装爆破片。以气体、液体为燃料时，点火前应吹扫炉膛，排除积存的爆炸性混合气体，防止点火时发生爆炸。当加热温度接近或超过物料的自燃点时，应采用惰性气体保护。

2. 熔融

熔融过程是利用加热将固态物料融化为液态的单元操作。在化工生产中常常将某些固体物料（如氢氧化钠、氢氧化钾、硝酸盐等）熔融之后进行化学反应。另外，还有某些固体物质需熔融后以利于使用和加工，如沥青、石蜡和松香等物质的使用。

（1）熔融设备　分为敞开式和密封式两种，熔融过程一般在 150～350℃ 下进行，加热方式根据物料的熔点，选择介质加热（如热水、水蒸气或高温导热油）或直接火焰加热。

（2）危险性分析　考虑主要危险应从被熔物料的化学特性、熔融时的黏稠程度、熔融过程所产生的副产品、熔融设备、加热方式等各个方面考虑。

① 熔融物料的危险性　对闪点低、熔点低、自燃点低的固体物料进行熔融时，如采用明火加热会因温度过高引起火灾事故的发生，特别是熔融物料中含有杂质时，如沥青、石蜡等中含有极易形成喷油的物质，更易引发火灾。另外，熔碱过程中的碱屑或碱液飞溅到皮肤或眼睛里会造成灼伤。碱熔物和硝酸盐中若含有无机盐等杂质应尽量除掉，否则这些无机盐因不熔融会造成局部过热、烧焦，可导致熔融物喷出而造成人员烧伤。

② 加热过程的危险性　熔融温度一般在 150～350℃，可采用烟道气、油浴或金属加热，这些加热介质在操作过程中有很大的危险性，稍有不慎就有可能造成人员烧伤。使用煤气加热时应注意煤气泄漏引起的中毒事故。

③ 局部过热的危险性　进行熔融时是否安全，与物质的黏稠度有很大的关系。一般来讲，熔融物的黏稠度越大，物料越容易黏贴在加热设备管壁或加热锅底，当温度升高时易结焦，产生局部过热引发着火或爆炸事故。

④ 熔融挥发物　熔融过程因高温会产生很多小分子的挥发物，当空气中挥发物达到一定浓度、遇到能量时易发生爆炸，挥发物对人员的身体健康和环境也是有害的。

（3）危害控制措施

① 选择安全的加热方式　在熔融过程中加热方式的选择和加热温度的控制是防火防爆的重要措施。根据熔融物料的性质选择合适的加热方式和升温速率，加热温度要控制在熔融物料的自燃点以下，以免温度达到自燃点而引起火灾，一般要求要尽可能避免用直接火焰加热，如果没有其他办法，生产必须使用时，尽量将火焰避开熔融物质。

② 防止物料外溢　进行操作时，设备内的物料不能装得太少，但也不能过多。物料太少温度不易控制，易发生结焦而起火；物料过多，特别是含有水分和杂质时，一旦沸腾外溢会造成相当严重的危险情况，一般要求盛装物料不超过设备容量的 2/3，并在熔融设备上设置防溢装置，避免溢出的物料与明火接触。如需要对某种熔融物料进行稀释，必须在安全温度以下进行，如用煤油稀释沥青时，必须在煤油的自燃点以下进行，以免发生着火事故。

③ 设备安全　为了确保熔融设备的安全，必须在熔融设备上安装必要的安全装置和安全设施，必须定期对设备进行检查，发现隐患及时检修。如果是采用高压蒸汽加热的熔融设备，须安装压力表、安全阀、液位计等安全附件，在熔融生产操作现场必须安装可燃、易燃、有毒气体检测报警系统。

3. 干燥

干燥按其热量供给湿物料的方式，可分为传导干燥、对流干燥、辐射干燥和介电加热干燥。干燥按操作压强可分为常压干燥和减压干燥；按操作方式可分为间歇式干燥与连续式干燥。常用的干燥设备有厢式干燥器、转筒干燥器、气流干燥器、沸腾床干燥器、喷雾干燥器。为防止火灾、爆炸、中毒事故的发生，干燥过程要采取以下安全措施：

① 当干燥物料中含有自燃点很低或含有其他有害杂质时，必须在烘干前彻底清除掉杂质，干燥室内也不得放置容易自燃的物质。

② 干燥室与生产车间应用防火墙隔绝，并安装良好的通风设备，电气设备应防爆或将开关安装在室外。在干燥室或干燥箱内操作时，应防止可燃的干燥物直接接触热源，以免引起燃烧。

③ 干燥易燃易爆物质，应采用蒸汽加热的真空干燥箱，当烘干结束后，去除真空时一定要等到温度降低后才能放进空气。对易燃易爆物质采用流速较大的热空气干燥时，排气用的设备和电动机应采用防爆的。在用电烘箱烘烤能够蒸发易燃蒸气的物质时，电炉丝应全封闭，箱上应加防爆门。利用烟道气直接加热可燃物时，在滚筒或干燥器上应安装防爆片，以防烟道气混入一氧化碳而引起爆炸。

④ 间歇式干燥，物料大部分靠人力输送，热源采用热空气自然循环或鼓风机强制循环，温度较难控制，易造成局部过热，引起物料分解造成火灾或爆炸。因此，在干燥过程中，应严格控制温度。

⑤ 在采用洞道式、滚筒式干燥器干燥时，主要是注意防止机械伤害。在气流干燥、喷雾干燥、沸腾床干燥以及滚筒式干燥中，多以烟道气、热空气为干燥热源。

⑥ 干燥过程中所产生的易燃气体和粉尘同空气混合易达到爆炸极限。在气流干燥中物料由于迅速运动相互激烈碰撞、摩擦易产生静电。滚筒干燥过程中，刮刀有时和滚筒壁摩擦产生火花，因此，应该严格控制干燥气流风速，并将设备接地。对于滚筒干燥，应适当调整刮刀与筒壁间隙，并将刮刀牢牢固定，或采用有色金属材料制造刮刀，以防产生火花。用烟道气加热的滚筒式干燥器，应注意加热均匀，不可断料，滚筒不可中途停止运转。当断料或停转时应切断烟道气并通氮。干燥设备上应安装爆破片。

三、蒸发与蒸馏

1. 蒸发

蒸发按其采用的压力可以为常压蒸发、加压蒸发和减压蒸发（真空蒸发）。按其蒸发所需热量的利用次数可分为单效蒸发和多效蒸发。蒸发过程要注意如下问题：

① 蒸发器的选择应考虑蒸发溶液的性质，如溶液的黏度、发泡性、腐蚀性、热敏性以及是否容易结垢、结晶等情况。

② 在蒸发操作中，管内壁出现结垢现象是不可避免的，尤其当处理易结晶和腐蚀性物料时，使传热量下降。在这些蒸发操作中，一方面应定期停车清洗、除垢；另一方面改进蒸发器的结构，如把蒸发器的加热管加工光滑些，使污垢不易生成，即使生成也易清洗，提高溶液循环的速度，从而可降低污垢生成的速度。

2. 蒸馏

化工生产中常常要将混合物进行分离，以实现产品的提纯和精制或原料的回收。对于均相液体混合物，最常用的分离方法是蒸馏，要实现混合液的高纯度分离，可采用精馏操作。

在常压蒸馏中应注意易燃液体的蒸馏热源不能采用明火，而采用水蒸气或过热水蒸气加热较安全。蒸馏腐蚀性液体，应防止塔壁、塔盘腐蚀，造成易燃液体或蒸气逸出，遇明火或灼热的炉壁而产生燃烧。蒸馏自燃点很低的液体，应注意蒸馏系统的密闭，防止物料因高温泄漏遇空气自燃。对于高温的蒸馏系统，应防止冷却水突然漏入塔内，这将会使水迅速汽化，场内压力突然增高而将物料冲出或发生爆炸。启动前应将塔内和蒸汽管道内的冷凝水放空，然后使用。在常压蒸馏过程中，还应注意防止管道、阀门被凝固点较高的物质凝结堵塞，导致塔内压力升高而引起爆炸。在用直接火加热蒸馏高沸点物料时（如苯二甲酸酐），应防止自燃点很低的树脂油状物遇空气而自燃。同时，应防止蒸干，使残渣焦化结垢，引起局部过热而着火爆炸，油焦和残渣应经常清除。冷凝系统的冷却水或冷冻盐水不能中断，否则未冷凝的易燃蒸气逸出使局部吸收系统温度增高，或窜出遇明火而引燃。

真空蒸馏（减压蒸馏）是一种比较安全的蒸馏方法。对于沸点较高，在高温下蒸馏可引起分解、爆炸和聚合的物质，采用真空蒸馏较为合适。如硝基甲苯在高温下分解爆炸、苯乙烯在高温下易聚合，类似这类物质的蒸馏必须采用真空蒸馏的方法以降低蒸馏的温度。

四、冷却、冷凝与冷冻

冷却与冷凝的主要区别在于被冷却的物料是否发生相的改变，若发生相变则成为冷凝，否则，如无相变只是温度降低则为冷却。冷却、冷凝操作在化工生产中十分重要，它不仅涉及生产，而且也严重影响防火安全。反应设备和物料未能及时得到应有的冷却或冷凝，常是导致火灾、爆炸的原因。在工业生产过程中，蒸气、气体的液化，某些组分的低温分离，以及某些物品的输送、储藏等，常需将物料降到比水或周围空气更低的温度，这种操作称为冷冻或制冷。

冷冻操作的实质是利用冷冻剂自身通过压缩—冷却—蒸发（或节流、膨胀）的循环过程，不断地由被冷冻物体取出热量（一般通过冷载体盐水溶液传递热量），并传给高温物质（水或空气），以使被冷冻物体温度降低，一般说来，冷冻程度与冷冻操作技术有关，凡冷冻范围在$-100℃$以内的称冷冻；而在$-100 \sim -200℃$或更低的，则称为深度冷冻或简称深冷。

（1）冷却（凝）及冷冻过程的危险控制要点

① 应根据被冷却物料的温度、压力、理化性质以及所要求冷却的工艺条件，正确选用冷却设备和冷却剂。忌水物料的冷却不宜采用水作冷却剂，必需时应采取特别措施。

② 应严格注意冷却设备的密闭性，防止物料进入冷却剂中或冷却剂进入物料中。

③ 冷却操作过程中，冷却介质不能中断，否则会造成积热，使反应异常，系统温度、压力升高，引起火灾或爆炸。因此，冷却介质温度控制最好采用自动调节装置。

④ 开车前，首先应清除冷凝器中的积液；开车时，应先通入冷却介质，然后通入高温物料；停车时，应先停物料，后停冷却系统。

⑤ 为保证不凝可燃气体安全排空，可充氮气进行保护。

⑥ 高凝固点物料，冷却后易变得黏稠或凝固，在冷却时要注意控制温度，防止物料卡住搅拌器或堵塞设备及管道。

（2）冷冻过程的安全措施

① 对于制冷系统的压缩机、冷凝器、蒸发器以及管路系统，应注意耐压等级和气密性。防止设备、管路产生裂纹、泄漏。此外，应加强压力表、安全阀等的检查和维护。

② 对于低温部分，应注意其低温材质的选择，防止低温脆裂发生。

③ 当制冷系统发生事故或紧急停车时，应注意被冷冻物料的排空处置。

④ 对于氨压缩机，应采用不发火花的电气设备。压缩机应选用低温下不冻结且不与制冷剂发生化学反应的润滑油，且油分离器应设于室外。

⑤ 注意冷载体盐水系统的防腐。

五、筛分与过滤

1. 筛分

(1) 筛分简介　在工业生产中，为满足生产工艺的要求，常常需将固体原料、产品进行筛选，以选取符合工艺要求的粒度，这一操作过程称为筛分，筛分分为人工筛分和机械筛分。筛分所用的设备称为筛子，通过筛网孔眼可控制物料的粒度。筛子按筛网的形状可分为转动式和平板式两类。

(2) 筛分的安全技术要点　在筛分可燃物时，应采取防碰撞打火和消除静电措施，防止因碰撞和静电引起粉尘爆炸和火灾事故。

2. 过滤

(1) 过滤简介　过滤是使悬浮液在重力、真空、加压及离心的作用下，通过细孔物将固体悬浮微粒截留进行分离的操作。按操作方法，过滤分为间歇过滤和连续过滤两种；按推动力分为重力过滤、加压过滤、真空过滤和离心过滤。过滤采用的设备为过滤机。

(2) 过滤的安全技术要点

① 在有爆炸危险的生产中，最好采用真空过滤机。

② 从操作方式来看，连续过滤比间歇过滤安全。连续过滤机循环周期短，能自动洗涤和自动卸料，其过滤速度较间歇过滤机高，且工作人员可脱离与有毒物料接触，因而比较安全。间歇过滤机由于包含卸料、装合过滤机、加料等各项辅助操作，所以较连续过滤周期长，且人工操作劳动强度大，直接接触毒物，因此不安全。

③ 当加压过滤机过滤过程中能散发有害的或爆炸性气体时，不能采用敞开式过滤机，而要采用密闭式过滤机，并以压缩空气或惰性气体保持压力。在取滤渣时，应先释放压力。

④ 离心过滤机的安全操作应注意：转鼓、盖子、外壳及底座应用韧性金属制造；轻负荷转鼓（50kg 以内）可用铜制造，并要符合质量要求；处理腐蚀性物料，转鼓需要有耐腐衬里；盖子应与离心机启动联锁，运转中处理物料时，可减速在盖上开孔处处理；应有限速装置，在有爆炸危险厂房中，其限速装置不得因摩擦、撞击而发热或产生火花，同时，注意不要选择临界速度操作；离心机开关应安装在近旁，并应有锁闭装置；在楼上安装离心机，应用工字钢或槽钢做成金属骨架，在其上要有减振装置，并注意其内、外壁间隙，转鼓与刮刀间隙，同时，应防止离心机与建筑物产生谐振；对离心机的内、外部及负荷应定期进行检查。

六、粉碎与混合

1. 粉碎

(1) 粉碎操作注意事项

① 将粉碎机安装在适当位置，接通电源，即可启用。

② 使用前应检查机件传动部分是否有松动和其他不正常现象，机器运转方向应与箭头

方向一致。

③ 使用时先进行空载试验1～2min，待观察无异常现象方可投料，进料时应逐渐增大物料流量，并随时观察电动机耗电电源和运转情况，待加料与电源平衡运转正常后，定死下料闸板，进行工作。中途如因物料太潮，黏结性太大，影响出粉，应将物料烘干或更换较粗的筛板。更换筛板只需将前盖打开即可进行，安装前盖时应注意两边手轮松紧一致，保证前盖与机壳密封。停车前应先停止加料，让机器运转 5～20min 后再停车。以便减少残留物料。

（2）保养及维修

① 定期检查轴承，更换高速黄油，以保证机器正常运转，要经常检查易损件，如有磨损严重现象要及时更换。

② 机器使用时如发现主轴转速逐步减退，必须将电动机向下调节，这样能使机器达到规定转速，发现异常应停机检查。

③ 开机时严禁金属物料流入机器内部，如铁钉、铁块等。

④ 停用时间较长必须擦净机器，用篷布罩好。

2. 混合

混合是指用机械或其他方法使两种或多种物料相互分散而达到均匀状态的操作。混合操作是一个比较危险的过程，对于强放热的混合过程，若操作不当就可能引发火灾爆炸事故。

混合操作安全技术要点如下：

① 混合能产生易燃易爆或有毒物质时，混合设备应良好密闭，并充入惰性气体加以保护。

② 混合可燃物料时，设备应很好接地、消除静电，并应在设备上安装爆破片。

③ 混合设备不允许落入金属物件。

④ 进行大型机械搅拌设备检修时，其设备应切断电源并将开关加锁，以防设备突然启动造成人员伤亡。

⑤ 当搅拌过程中物料产生热量时，如因故停止搅拌，会导致物料局部过热。因此，在安装机械搅拌的同时，还要辅以气流搅拌，或增设冷却装置。

⑥ 危险物料的气流搅拌混合，尾气应加以回收处理。

⑦ 不可随意提高搅拌器的转速，尤其搅拌非常黏稠的物质。否则，易造成电机超负荷、桨叶断裂或物料飞溅等。

📖 进度检查

一、判断题

1. 在蒸发操作中，应定期停车清洗、除垢。（　　　）

2. 干燥按操作压强可分为常压干燥和减压干燥。（　　　）

3. 粉碎过程停车前应先停止加料，让机器运转 5～20min 后再停车。（　　　）

二、简答题

1. 液态物料输送危险控制要点有哪些？

2. 加热过程危险控制要点有哪些？

3. 干燥过程危险控制要点有哪些？

印度博帕尔事故案例

1984 年 12 月 3 日凌晨，印度博帕尔市美国联合碳化物公司（UCC）印度合资的农药厂发生有毒气体泄漏。事故造成 6495 人死亡，12.5 万人中毒，接受治疗的达 20 万人，其中 5 万人终身受害，是世界工业史上绝无仅有的大惨案。该事故是由于水进入异氰酸甲酯（MIC）贮罐引起放热反应，铁离子又加速了反应的进行。由于放热反应持续进行，贮罐内温度急剧升高，令罐内产生极大的压力，造成防爆膜破裂，安全阀打开，漏出大量剧毒的甲基异氰酸酯，同时工厂的应急防护措施失效，甲基异氰酸及其反应物覆盖了部分市区。由于事故发生时是夜间，很多民众未及逃生而中毒。

美国联合碳化物公司创办于 1898 年，是美国最早的石油化工企业之一。该公司重视产品开发和化学工程研究，发展很快。至 1980 年底，该公司在近 50 个国家和地区已有 7 个大型联营公司，下属 72 家分公司和 500 多家生产工厂。1983 年总营业额为 90 亿美元，在世界 200 家大型化学公司中居第 12 位。

事故工厂隶属于 UCC 在印度的一家合资公司，即联碳印度有限公司，UCC 占 50.9％的股份。工厂建于 1969 年，从 1980 年起生产杀虫剂西维因（SEVIN）。投产初期由 UCC 总部派了一名有良好安全意识和操作经验的厂长，实现了 50 万人工时无事故的优良安全纪录。1980 年公司决定由一名印度员工接任厂长。新厂长有很好的财务背景，但是对于安全和生产知之甚少。从 1982 年起，由于干旱等原因，印度对于工厂产品需求减少，1983 年销售额下降了 23％。在事故发生之前，由于市场需求疲软，工厂停产了 6 个月并采取了一系列措施来节约成本：

（1）缩短员工的培训时间。原来要求聘请受过高等教育并获得学位者担任操作员，并为他们提供长达 6 个月的脱产培训。为了节约成本，工厂放弃了这一政策，将操作人员的培训时间由 6 个月减少至 15 天。

（2）减少员工数量。原本每个班组有 1 名主管、3 名领班、12 名操作工和 2 名维修工，后来减至 1 名领班和 6 名操作工，不再设班组主管。

（3）尽量聘请廉价的承包商（尽管他们缺乏经验）和采用便宜的建造材料。

（4）减少对工艺设备的维护与维修（包括对关键安全设施的维护）。

（5）停用冷冻系统。发生事故的 MIC 储罐本来有一套冷冻系统，其设计意图是使 MIC 的储存温度保持在 0℃左右；为了节约成本，工厂停用了该冷冻系统。

这些措施给安全生产带来隐患，可以说间接导致了事故的发生。

模块6　重大危险源与化学事故应急救援

编号 FCJ-21-01

学习单元 6-1　安全风险控制理论

学习目标： 在完成本单元学习之后，能够了解安全风险控制。
职业领域： 化学、石油、环保、医药、冶金、食品等
工作范围： 分析

生产过程中的事故隐患是生产事故形成的前奏和征兆。"海恩法则"告诉我们：一起事故背后有 29 个事故征兆，1 个事故征兆背后有 300 个事故隐患。可见，大量事故隐患的存在为生产事故的发生提供了温床。化工生产中，危险化学品有毒有害、物料易燃易爆、工艺过程复杂、生产条件苛刻、作业人员的不安全行为、工艺设备缺陷、生产过程配套安全卫生设施缺失或者发生故障，均会导致事故的风险增大。因而，对化工生产风险必须进行有效的控制，风险控制的实质就是通过技术、管理等手段减少事故隐患。

一、风险控制的基本知识

1. 风险控制的基本目标

现代安全管理利用系统安全工程的思想，在风险评价的基础上，进行科学系统的风险控制，努力实现以下控制目标：

① 能消除或减弱生产过程中产生的危险、危害。

② 处置危险和有害物，并降低到国家规定的限值内。

③ 预防生产装置失灵和操作失误产生的危险、危害。

④ 能有效地预防重大事故和职业危害的发生。

⑤ 发生意外事故时，能为遇险人员提供自救和互救条件。

2. 风险控制措施的等级顺序

风险控制的措施包括安全技术和安全管理两个方面，在考虑风险控制措施时应遵循如下等级顺序原则：

（1）直接安全技术措施　生产设备本身应具有本质安全性能，不出现任何事故和危害。

（2）间接安全技术措施　若不能或不能完全实现直接安全技术措施，必须为生产设备设计出一种或多种安全防护装置，最大限度地预防、控制事故或危害的发生。

（3）指示性安全技术措施　间接安全技术措施也无法实现或实施时，须采用检测报警装置、警示标志等措施，警告、提醒作业人员注意，以便采取相应的对策或紧急撤离危险场所。

（4）安全管理和个体防护　如果间接、指示性安全技术措施仍然不能避免事故发生，则应采用安全操作规程、安全教育、培训和个体防护用品等措施来规定人的行为、明确人机（物）接触的规则，预防、减弱系统的危险、危害程度。

3. 风险控制的基本顺序原则

采用安全技术措施进行风险控制时，应遵循以下基本顺序原则：

（1）消除　通过合理的设计和科学的管理，尽可能从根本上消除危险、有害因素，如采用无害化工艺技术，生产中以无害物质代替有害物质，实现自动化作业、遥控作业等。

（2）预防　当消除危险、有害因素确有困难时，可采取预防性技术措施，预防危险、危害的发生，如使用安全阀、安全屏护、漏电保护装置、安全电压、熔断器、防爆膜、事故排放装置等。

（3）减弱　在无法消除危险、有害因素和难以预防的情况下，可采取减少危险、危害的措施，如采用局部通风排毒装置、生产中以低毒性物质代替高毒性物质、降温措施、避雷装置、消除静电装置、减振装置、消声装置等。

（4）隔离　在无法消除、预防、减弱危害的情况下，应将人员与危险、有害因素隔开和将不能共存的物质分开，如遥控作业，设安全罩、防护屏、隔离操作室、安全距离、防护服、各类防毒面具等。

（5）联锁　当操作者失误或设备运行一旦达到危险状态时，应通过联锁装置终止危险、危害发生。

（6）警告　在易发生故障和危险性较大的地方，配置醒目的安全色、安全标志，必要时设置声、光或声光组合报警装置。

二、安全技术控制

1. 工艺过程风险控制要点

（1）物料的控制　控制生产过程中所有原料、中间物料及成品（包括各种杂质），对其主要的物理、化学性质（如爆炸极限、密度、闪点、自燃点、引燃能量、燃烧速度、导电率、介电常数、腐蚀速度、毒性、热稳定性、反应热、反应速度、热容量等）进行综合分析研究，有效加以控制。

（2）工艺流程的控制

① 对于火灾爆炸危险性较大的工艺流程，应控制容易发生火灾爆炸事故的部位和开车、停车及操作切换等作业。

② 控制设备及管线的设计压力及安全阀、防爆膜的设定压力。

③ 控制停水、停电及停汽等事故状态下安全泄压设备的可靠性。

④ 控制进入火炬的物料处理量、物料压力、温度、堵塞、爆炸等因素。

⑤ 控制操作参数的监测仪表、自动控制回路的正常可靠。

⑥ 确保控制室结构及设施牢固，确保能实施紧急停车、减少事故的蔓延和扩大。

⑦ 确保工艺操作的计算机控制，应使分散控制系统、计算机备用系统及计算机安全系统在任何状况下能正常操作。

⑧ 控制工艺生产装置的供电、供水、供风、供汽等公用设施与防火、防爆等法律、法

规、标准、规范的符合性，满足正常生产和事故状态下的要求。

⑨ 控制产生静电和静电积聚的各种因素，采取各种规范的防静电措施。

⑩ 控制安全联锁设施的完好运行，确保各种自控检测仪表、报警信号系统及自动和手动紧急泄压排放安全联锁。非常危险的部位，应设置常规检测系统和异常检测系统的双重检测体系。

（3）工艺管线的控制

① 控制工艺管线安全可靠，便于操作。控制工艺管线的剧烈振动、脆性破裂、温度、应力、失稳、高温蠕变、腐蚀破裂及密封泄漏问题。

② 控制工艺管线上的安全阀、防爆膜、泄压设施、自动控制检测仪表、报警系统、安全联锁装置及卫生检测设施的安全可靠。

③ 控制工艺管线的防雷电、暴雨、洪水、冰雹等自然灾害以及防静电设施的完好可靠。

④ 控制工艺管线的工艺取样、废液排放、废气排放的安全设施可靠。

⑤ 控制工艺管线的绝热保温、保冷问题。

2. 工业互联网＋安全生产

近年来，数字化转型、智能化升级，强化安全生产基础和技术创新能力，构建"工业互联网＋危化安全生产"技术体系和应用生态系统成为趋势。提升安全生产风险感知评估、监测预警和响应处置能力，排查化解潜在风险，牢牢守住不发生系统性风险的底线，为促进企业和监管部门安全管理赋能。

"工业互联网＋危化安全生产"整体架构按照感知层、企业层、园区层、政府层"多层布局、三级联动"的思路，推动企业、园区、行业、政府各主体多级协同、纵向贯通，覆盖危险化学品生产、储存、使用、经营、运输等各环节，实现全要素、全价值横向一体化。

三、危险化学品安全管理控制

严格执行国家相关法律、法规、规章、标准，实现危险化学品的安全管理控制。按照《危险化学品安全管理条例》（国务院令第 645 号）对危险化学品生产、储存、使用、经营和运输进行安全管理控制。贯彻《危险化学品从业单位安全标准化通用规范》（AQ 3013—2008）、《关于加强化工过程安全管理的指导意见》（安监总管三〔2013〕88 号）等，加强安全生产标准化建设和化工过程安全管理，构建安全风险分级管控和隐患排查治理双重预防机制，健全风险防范化解机制，提高安全生产水平，确保安全生产。

✎ 进度检查

一、选择题

1. 当操作者失误或设备运行一旦达到危险状态时，应通过（　　）装置终止危险、危害发生。

A. 隔离　　　　　　B. 通风　　　　　　C. 监测　　　　　　D. 联锁

2. "海恩法则"告诉我们：一起事故背后有 29 个事故征兆，1 个事故征兆背后有（　　）个事故隐患

A. 300　　　　　　B. 400　　　　　　C. 500　　　　　　D. 600

二、判断题

1. 风险控制的实质是通过技术、管理等手段消除事故隐患。　　　　（　　）

2. 在易发生故障和危险性较大的地方，配置醒目的安全色、安全标志。　（　　）

三、简答题

1. 采用安全技术措施进行风险控制时，应遵循基本顺序原则有哪些？

2. 风险控制的基本目标有哪些？

学习单元 6-2 危险化学品重大危险源的辨识

学习目标： 在完成本单元学习之后，能够辨识危险化学品重大危险源。
职业领域： 化学、石油、环保、医药、冶金、食品等
工作范围： 分析

一、定义

危险化学品重大危险源，是指长期地或临时地生产、储存、使用和经营危险化学品，且危险化学品的数量等于或超过临界量的单元。

单元，是指涉及危险化学品的生产、储存装置、设施或场所，分为生产单元和储存单元。

临界量，是指某种或某类危险化学品构成重大危险源所规定的最小数量。

生产单元，是指危险化学品的生产、加工及使用等的装置及设施，当装置及设施之间有切断阀时，以切断阀作为分隔界限划分为独立的单元。

储存单元，是指用于储存危险化学品的储罐或仓库组成的相对独立的区域，储罐区以罐区防火堤为界限划分为独立的单元，仓库以独立库房（独立建筑物）为界限划分为独立的单元。

二、危险化学品重大危险源辨识流程与依据

危险化学品应依据其危险特性及其数量进行重大危险源辨识，危险化学品重大危险源可分为生产单元危险化学品重大危险源和储存单元危险化学品重大危险源，危险化学品重大危险源的辨识流程如图 6-1 所示。

生产单元、储存单元内存在危险化学品的数量等于或超过规定的临界量，即被定为重大危险源。单元内存在的危险化学品的数量根据危险化学品种类的多少分为以下两种情况。

① 生产单元、储存单元内存在的危险化学品为单一品种时，该危险化学品的数量即为单元内危险化学品的总量。若等于或超过相应的临界量，则定为重大危险源。

② 生产单元、储存单元内存在的危险化学品为多品种时，按下式计算。若满足下式，则定为重大危险源。

$$S = q_1/Q_1 + q_2/Q_2 + \cdots + q_n/Q_n \geqslant 1$$

式中　　　S——辨识指标；
$q_1, q_2, \cdots q_n$——每种危险化学品的实际存在量，t；
$Q_1, Q_2, \cdots Q_n$——与每种危险化学品相对应的临界量，t。

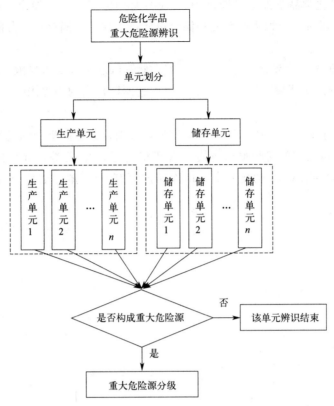

图 6-1　危险化学品重大危险源辨识流程图

说明：

临界量数值根据《危险化学品重大危险源辨识》（GB 18218—2018）查找确定。

危险化学品储罐以及其他容器、设备或仓储区的危险化学品的实际存在量按设计最大量确定。

对于危险化学品混合物，如果混合物与其纯物质属于相同危险类别，则视混合物为纯物质，按混合物整体进行计算。如果混合物与其纯物质不属于相同危险类别，则应按新危险类别考虑其临界量。

进度检查

一、选择题

1. 根据《危险化学品重大危险源辨识》（GB 18218—2018），判断危险化学品重大危险源是依据物质的（　　）。

A. 反应活性及其临界量　　　　　　　　B. 爆炸性及其临界量

C. 毒性及其数量　　　　　　　　　　　D. 危险特性及其数量

2. 根据《危险化学品重大危险源辨识》（GB 18218—2018），涉及危险化学品的生产、储存装置、设施和场所，分为生产单元和储存单元，独立的生产单元是以（　　）作为分隔界限。

A. 球阀　　　　　B. 蝶阀　　　　　C. 切断阀　　　　　D. 止逆阀

3. 根据《危险化学品重大危险源辨识》（GB 18218—2018），涉及危险化学品的生产、储存装置、设施和场所，分为生产单元和储存单元，下列关于储存单元分隔界限的说法正确的是（　　）。

A. 储罐区以防火堤为界限
B. 储罐区以警戒线为界限
C. 仓库以警戒线为界限
D. 仓库以排水沟为界限

二、简答题

某危险化学品企业有 A、B、C、D 4 个库房，分别存放不同类别的危险化学品，各库房为独立库房，且库房之间的间距很远，其中 A 库房内存有 8t 乙醇、5t 甲醇，B 库房内存有 12t 乙醚，C 库房内存有 0.3t 硝化甘油，D 库房内存有 0.5t 苯。构成重大危险源的是哪个库房？

学习单元 6-3 事故调查与处理

学习目标: 在完成本单元学习之后,能够进行事故调查与处理。
职业领域: 化学、石油、环保、医药、冶金、食品等
工作范围: 分析

事故报告与调查处理是事故管理的重要内容,主要是指对已发生事故的分析、调查处理等一系列管理活动。工作内容主要有事故报告、事故应急救援、事故调查、事故分析、事故责任人的处理和事故赔偿等。

为了规范生产安全事故的报告和调查处理,落实生产安全事故责任追究制度,防止和减少生产安全事故,《生产安全事故报告和调查处理条例》(国务院令第 493 号)明确了生产经营活动中发生的造成人身伤亡或者直接经济损失的生产安全事故的报告和调查处理的相关要求。

一、事故概述

事故:造成死亡、疾病、伤害、损坏或其他损失的意外情况。

生产安全事故:生产经营活动中发生的造成死亡、疾病、伤害、损坏或其他损失的意外情况。

责任事故:因有关人员的过失而造成的事故。

非责任事故:因自然原因造成的人力不可抗拒的事故,或在技术改造、发明创造、科学实验活动中,因科学技术条件限制无法预测而发生的事故。

事故具有因果性、必然性、偶然性、潜在性、再现性、规律性、预测性等基本特性,掌握事故的基本特性有助于科学预防和控制事故。

因果性:事故是一系列原因综合作用的结果。

必然性:只要存在着发生的条件,事故终究要发生。

偶然性:相同条件下,事故可能发生,可能不发生;相同事故的后果存在巨大的差异。

潜在性:事故发生的条件常常隐藏在许多表面现象之下。

再现性:同样的事故可能不断重复发生。

规律性:事故是一种客观现象,其内部各因素之间有着必然的联系。

预测性:对未来的某段时间、某个范围内发生事故的可能性大小及造成的后果是可以预测的。

人类一直在研究、总结事故发生的原因,至今,事故致因理论主要包括因果连锁论、人机轨迹交叉理论以及能量意外释放理论,这些理论从不同的角度总结了事故发生的原因。总之,人的不安全行为和物的不安全状态是导致事故的直接原因,人的不安全行为和物的不安

全状态可能是由于管理缺陷所导致。据统计，既没有不安全状态，也没有不安全行为的事故（不可抗力）所占比例仅为 1.9%。可见，事故是可以预防的，避免事故发生的有效方法是：对生产经营过程中存在的危险有害因素进行辨识，对其带来的危险进行评价，并对产生的风险进行科学有序的控制。

二、安全生产事故的分级

按照《生产安全事故报告和调查处理条例》（国务院令第 493 号）规定，根据生产安全事故（以下简称事故）造成的人员伤亡或者直接经济损失，事故一般分为以下等级：

① 特别重大事故，是指造成 30 人以上死亡，或者 100 人以上重伤（包括急性工业中毒），或者 1 亿元以上直接经济损失的事故。

② 重大事故，是指造成 10 人以上 30 人以下死亡，或者 50 人以上 100 人以下重伤，或者 5000 万元以上 1 亿元以下直接经济损失的事故。

③ 较大事故，是指造成 3 人以上 10 人以下死亡，或者 10 人以上 50 人以下重伤，或者 1000 万元以上 5000 万元以下直接经济损失的事故。

④ 一般事故，是指造成 3 人以下死亡，或者 10 人以下重伤，或者 1000 万元以下直接经济损失的事故。

国务院安全生产监督管理部门可以会同国务院有关部门，制定事故等级划分的补充性规定。上述所称的"以上"包括本数，所称的"以下"不包括本数。

三、事故报告

事故报告应当及时、准确、完整，任何单位和个人对事故不得迟报、漏报、谎报或者瞒报。

事故发生后，事故现场有关人员应当立即向本单位负责人报告。单位负责人接到报告后，应当于 1h 内向事故发生地县级以上人民政府安全生产监督管理部门和负有安全生产监督管理职责的有关部门报告。安监及相关职能部门根据事故等级在 2h 内完成逐级上报工作。情况紧急时，事故现场有关人员可以直接向事故发生地县级以上人民政府安全生产监督管理部门和负有安全生产监督管理职责的有关部门报告。

事故报告应当包括下列内容：

① 事故发生单位概况。

② 事故发生的时间、地点以及事故现场情况。

③ 事故的简要经过。

④ 事故已经造成或者可能造成的伤亡人数（包括下落不明的人数）和初步估计的直接经济损失。

⑤ 已经采取的措施。

⑥ 他应当报告的情况。

事故报告后出现新情况的，应当及时补报。自事故发生之日起 30 日内，事故造成的伤亡人数发生变化的，应当及时补报。道路交通事故、火灾事故自发生之日起 7 日内，事故造成的伤亡人数发生变化的，应当及时补报。

四、事故调查

事故调查处理应当按照科学严谨、依法依规、实事求是、注重实效的原则，及时、准确地查清事故原因，查明事故性质和责任，评估应急处置工作，总结事故教训，提出整改措施，并对事故责任单位和人员提出处理建议。事故调查报告应当依法及时向社会公布。事故调查和处理的具体办法由国务院制定。

事故发生单位应当及时全面落实整改措施，负有安全生产监督管理职责的部门应当加强监督检查。负责事故调查处理的国务院有关部门和地方人民政府应当在批复事故调查报告后一年内，组织有关部门对事故整改和防范措施落实情况进行评估，并及时向社会公开评估结果；对不履行职责导致事故整改和防范措施没有落实的有关单位和人员，应当按照有关规定追究责任。

生产经营单位发生生产安全事故，经调查确定为责任事故的，除了应当查明事故单位的责任并依法予以追究外，还应当查明对安全生产的有关事项负有审查批准和监督职责的行政部门的责任，对有失职、渎职行为的，依照《中华人民共和国安全生产法》等规定追究法律责任。

任何单位和个人不得阻挠和干涉对事故的依法调查处理。

事故调查报告应当包括下列内容：
① 事故发生单位概况。
② 事故发生经过和事故救援情况。
③ 事故造成的人员伤亡和直接经济损失。
④ 事故发生的原因和事故性质。
⑤ 事故责任的认定以及对事故责任者的处理建议。
⑥ 事故防范和整改措施。

事故调查报告应附有关证据材料，事故调查组成员应当在事故调查报告上签名。

五、事故处理

重大事故、较大事故、一般事故，负责事故调查的人民政府应当自收到事故调查报告之日起15日内做出批复；特别重大事故，30日内做出批复，特殊情况下，批复时间可以适当延长，但延长的时间最长不超过30日。有关机关应当按照人民政府的批复，依照法律、行政法规规定的权限和程序，对事故发生单位和有关人员进行行政处罚，对负有事故责任的国家工作人员进行处分。事故发生单位应当按照负责事故调查的人民政府的批复，对本单位负有事故责任的人员进行处理。负有事故责任的人员涉嫌犯罪的，依法追究刑事责任。

事故发生单位应当认真吸取事故教训，落实防范和整改措施，防止事故再次发生。防范和整改措施的落实情况应当接受工会和职工的监督。安全生产监督管理部门和负有安全生产监督管理职责的有关部门应当对事故发生单位落实防范和整改措施的情况进行监督检查。

事故处理的情况由负责事故调查的人民政府或者其授权的有关部门、机构向社会公布，依法应当保密的除外。

📝 **进度检查**

一、选择题

1. 依据《生产安全事故报告和调查处理条例》的规定，造成死亡 2 人和直接经济损失 3000 万元的事故是（   ）。

A. 一般事故   B. 较大事故   C. 重大事故   D. 特别重大事故

2. 某化工企业发生一起爆炸事故，造成 8 人当场死亡。这起生产安全事故是（   ）。

A. 一般事故   B. 较大事故   C. 重大事故   D. 特别重大事故

二、判断题

1. 事故具有因果性、必然性、偶然性、潜在性、再现性、规律性、预测性等基本特性。

（   ）

2. 事故发生后，事故现场有关人员应当立即向本单位负责人报告。   （   ）

三、简答题

事故报告的内容应有哪些？

学习单元 6-4　事故应急救援

学习目标：在完成本单元学习之后，能够进行事故应急救援。
职业领域：化学、石油、环保、医药、冶金、食品等
工作范围：分析

一、事故应急救援

事故应急救援是指在应急响应过程中，为消除、减少事故危害，防止事故扩大或恶化，最大限度地降低事故造成的损失或危害而采取的救援措施或行动。其基本任务是：控制危险源；抢救受害人员；指导群众防护，组织群众撤离；排除现场灾患，消除危险后果。《中华人民共和国安全生产法》及《危险化学品安全管理条例》对事故应急救援和应急措施作出了明确的规定。

国家加强生产安全事故应急能力建设，在重点行业、领域建立应急救援基地和应急救援队伍，并由国家安全生产应急救援机构统一协调指挥；鼓励生产经营单位和其他社会力量建立应急救援队伍，配备相应的应急救援装备和物资，提高应急救援的专业化水平。国务院应急管理部门牵头建立全国统一的生产安全事故应急救援信息系统，国务院交通运输、住房和城乡建设、水利、民航等有关部门和县级以上地方人民政府建立健全相关行业、领域、地区的生产安全事故应急救援信息系统，实现互联互通、信息共享，通过推行网上安全信息采集、安全监管和监测预警，提升监管的精准化、智能化水平。

县级以上地方各级人民政府应当组织有关部门制订本行政区域内生产安全事故应急救援预案，建立应急救援体系。乡镇人民政府和街道办事处，以及开发区、工业园区、港区等应当制订相应的生产安全事故应急救援预案，协助人民政府有关部门或者按照授权依法履行生产安全事故应急救援工作职责。

生产经营单位应当制订本单位生产安全事故应急救援预案，与所在地县级以上地方人民政府组织制订的生产安全事故应急救援预案相衔接，并定期组织演练。

危险物品的生产、经营、储存单位以及矿山、金属冶炼、城市轨道交通运营、建筑施工单位应当建立应急救援组织；生产经营规模较小的，可以不建立应急救援组织，但应当指定兼职的应急救援人员。危险物品的生产、经营、储存、运输单位以及矿山、金属冶炼、城市轨道交通运营、建筑施工单位应当配备必要的应急救援器材、设备和物资，并进行经常性维护、保养，保证正常运转。

二、事故应急救援响应程序

事故应急救援响应程序按过程可分为接警、响应级别确定、应急启动、救援行动、应急恢复和应急结束几个过程。

1. 接警与响应级别确定

接到事故报警后，按照工作程序，对警情作出判断，初步确定相应的响应级别。如果事故性质和影响不足以启动应急救援体系的最低响应级别，响应关闭。

2. 应急启动

应急响应级别确定后，按所确定的响应级别启动应急程序，如通知应急中心有关人员，开通信息与通信网络，通知调配救援所需的应急资源（包括应急队伍和物资、装备等），成立现场指挥部等。

3. 救援行动

有关应急队伍进入事故现场后，迅速开展事故侦测、警戒、疏散、人员救助、工程抢险等有关应急救援工作，专家组为救援决策提供建议和技术支持。当事态超出响应级别，无法得到有效控制时，应向应急中心请求实施更高级别的应急响应。

4. 应急恢复

该阶段主要包括现场清理、警戒解除、善后处理和事故调查等。

5. 应急结束

执行应急关闭程序，由事故总指挥宣布应急结束。

三、应急救援预案体系的构成

国家标准《生产经营单位生产安全事故应急预案编制导则》（GB/T 29639—2020）规定了生产经营单位生产安全事故应急预案的编制程序、体系构成和综合应急预案、专项应急预案、现场处置方案的主要内容以及附件信息，适用于生产经营单位生产安全事故应急预案（以下简称应急预案）编制工作。

事故应急救援预案是针对可能发生的事故，为迅速、有序地开展应急行动而预先制订的行动方案。应急预案应形成体系，针对各级各类可能发生的事故和所有危险源制订专项应急预案和现场应急处置方案，并明确事前、事发、事中、事后的各个过程中相关部门和有关人员的职责。

1. 综合应急预案

综合应急预案是从总体上阐述事故的应急方针、政策，应急组织结构及相关应急职责，应急行动、措施和保障等基本要求和程序，是应对各类事故的综合性文件。

2. 专项应急预案

专项应急预案是针对具体的事故类别（如煤矿瓦斯爆炸、危险化学品泄漏等事故）、危险源和应急保障而制订的计划或方案，应按照综合应急预案的程序和要求组织制定，并作为综合应急预案的附件。专项应急预案应制订明确的救援程序和具体的应急救援措施。

3. 现场处置方案

现场处置方案是针对具体的装置、场所或设施、岗位所制订的应急处置措施。现场处置方案应具体、简单、针对性强。现场处置方案应根据风险评估及危险性控制措施逐一编制，做到事故相关人员应知应会、熟练掌握，并通过应急演练，做到迅速反应、正确处置。

对于生产规模小、危险因素少的生产经营单位，综合应急预案和专项应急预案可以合并编写。

进度检查

一、填空题

1. _____是针对具体的装置、场所或设施、岗位所制订的应急处置措施。

2. _____是从总体上阐述事故的应急方针、政策，应急组织结构及相关应急职责，应急行动、措施和保障等基本要求和程序，是应对各类事故的综合性文件。

二、判断题

1. 县级以上地方各级人民政府应当组织有关部门制订本行政区域内较大以上事故应急救援预案。 （　　）

2. 生产经营单位应当制订本单位生产安全事故应急救援预案，并定期组织演练。（　　）

三、简答题

事故应急救援响应程序是什么？

工业互联网＋危化安全生产

工业互联网是融合新一代信息技术与先进制造业技术的新兴业态，已经成为加速化工产业创新发展和经济社会数字化转型的关键引擎。2021 年 9 月 10 号，应急管理部危化监管一司印发《"工业互联网＋危化安全生产"特殊作业许可与作业过程管理系统建设应用指南（试行）》《"工业互联网＋危化安全生产"智能巡检系统建设应用指南（试行）》《"工业互联网＋危化安全生产"人员定位系统建设应用指南（试行）》三项指南，阐述《"工业互联网＋危化安全生产"试点建设方案》中的涉及三项重点必建场景建设内容——特殊作业许可与作业过程管理系统、智能巡检系统、人员定位系统。具体内容如下：

特殊作业许可与作业过程管理系统：将特殊作业审批许可条件条目化、电子化、流程化，并通过信息化手段对作业全流程进行过程痕迹管理，从而实现特殊作业申请、预约、审查、安全条件确认、许可、监护、验收全流程信息化、规范化、程序化管理，支持园区及上级监管部门的数据互通。

智能巡检系统：实现巡检、巡查全过程数字化管理，管理人员根据 PID 工艺流程图、数字化交付资料、风险分析单元划分、隐患排查清单、岗位安全风险责任清单等，分角色制定巡检任务、规划巡检路线，匹配巡检清单及制度规范。巡检人员通过移动终端自动获取巡检任务要求。支持巡检人员按规定时间、规定位置、规定要求完成数据采集，并将设备设施运行状态、设备设施故障以及各类安全生产隐患等信息实时传输回管理后台，从而实现内外操作人员、管理人员、企业各个信息化系统间共享巡检数据。应有专人对智能巡检系统进行管理，并将智能巡检系统接入企业中控室，确保及时处置巡检过程中的预警信息和隐患情况，实现闭环管理。智能巡检系统建设应与双重预防机制系统、设备完整性管理系统等有机结合、互联互通。

人员定位系统：通过布设多个定位基站与人员携带的信号标签进行通信的方式，结合人员定位算法，计算出信号标签位置进行人员定位。根据企业实际应用场景建设基站布局合理、定位精度准确的人员定位系统，实现接收与发送报警信息、可视化展示、人员数量统计分析、人员活动轨迹分析、存储和查询等功能。支持与报警信息、智能巡检、特殊作业管理、应急疏散撤离、应急演练联动，与化工园区安全风险智能化管控平台对接。

模块 7　职业健康

编号 FCJ-22-01

学习单元 7-1　职业卫生基础知识

学习目标： 在完成本单元学习之后，能够掌握职业卫生基础知识。
职业领域： 化学、石油、环保、医药、冶金、食品等
工作范围： 分析

一、职业卫生

1. 职业卫生的内涵

职业卫生又称劳动卫生，是劳动保护的重要组成部分，也是预防医学中的一个专门学科。它主要是研究劳动条件对劳动者（及环境居民）健康的影响以及对职业危害因素进行识别、评价、控制和消除，以保护劳动者的健康为目的的一门学科。

2. 职业卫生的研究内容

① 研究和识别劳动生产过程中对劳动者及环境居民的健康产生不良影响的各种因素（职业危害因素），为改善劳动条件提出措施及卫生要求。

② 研究和确定职业病及与职业有关疾病的病因，提出诊断标准和防治对策。

③ 研究和制定职业卫生法律、法规及标准，并付诸实施。

3. 职业卫生的基本任务

改善生产职业活动中的劳动环境，控制和消除有害因素对人体的危害，防止、减少职业病的发生，以达到保护劳动者身体健康，提高劳动生产效率，促进生产发展的目的。

二、职业病范围

1. 概念

《中华人民共和国职业病防治法》中规定，职业病是指企业、事业单位和个体经济组织（统称用人单位）的劳动者在职业活动中，因接触粉尘、放射性物质和其他有毒、有害物质等因素而引起的疾病。

2. 职业病的分类

目前，我国法定的职业病是由国务院卫生行政部门会同国务院劳动保障行政部门规定、调整公布的。根据《职业病分类和目录》（国卫疾控发〔2013〕48 号）的规定，我国职业病共分为十大类，132 种。

（1）职业性尘肺病及其他呼吸系统疾病 19 种：如矽肺、煤工尘肺、石墨尘肺、碳黑尘

肺、石棉肺、滑石尘肺、水泥尘肺、云母尘肺、陶工尘肺、铝尘肺、电焊工尘肺、铸工尘肺、过敏性肺炎、棉尘病等。

（2）职业性皮肤病9种：接触性皮炎、光接触性皮炎、电光性皮炎、黑变病、痤疮、溃疡、化学性皮肤灼伤、白斑等。

（3）职业性眼病3种：化学性眼部灼伤、电光性眼炎、白内障（含放射性白内障、三硝基甲苯白内障）。

（4）职业性耳鼻喉口腔疾病4种：噪声聋、铬鼻病、牙酸蚀病、爆震聋。

（5）职业性化学中毒60种：汞及其化合物中毒、锰及其化合物中毒、镉及其化合物中毒、氯气中毒、二氧化硫中毒、光气中毒等。

（6）物理因素所致职业病7种：中暑、减压病、高原病、航空病、手臂振动病、激光所致眼（角膜、晶状体、视网膜）损伤、冻伤。

（7）职业性放射性疾病11种：外照射急性放射病、外照射亚急性放射病、外照射慢性放射病、内照射放射病、放射性皮肤疾病、放射性肿瘤（含矿工高氡暴露所致肺癌）、放射性骨损伤、放射性甲状腺疾病、放射性性腺疾病、放射复合伤等。

（8）职业性传染病5种：炭疽、森林脑炎、布鲁氏菌病、艾滋病（限于医疗卫生人员及人民警察）、莱姆病。

（9）职业性肿瘤11种：石棉所致肺癌、间皮瘤，联苯胺所致膀胱癌，苯所致白血病，氯甲醚、双氯甲醚所致肺癌，砷及其化合物所致肺癌、皮肤癌，氯乙烯所致肝血管肉瘤，焦炉逸散物所致肺癌，六价铬化合物所致肺癌，毛沸石所致肺癌、胸膜间皮瘤，煤焦油、煤焦油沥青、石油沥青所致皮肤癌，β-萘胺所致膀胱癌。

（10）其他职业病3种：金属烟热，滑囊炎（限于井下工人），股静脉血栓综合征、股动脉闭塞症或淋巴管闭塞症（限于刮研作业人员）。

3. 职业病的特点

职业病是由于职业有害因素作用于人体的强度和时间超过一定限度，人体不能代偿而造成的功能性或器质性病理改变，从而出现相应的临床征象，影响劳动力。职业病具有五个特点：

① 病因明确。职业病都有明确的致病因素即职业有害因素，消除该有害因素后，可以完全控制职业病的发生。

② 发病具有接触反应关系，大多数病因是可以通过监测手段衡量的，接触和效应指标之间有明确的剂量-反应关系。

③ 发病具有聚集性。在不同的接触人群中，常有不同的发病群体。

④ 可以预防。如能早诊断，合理处理，预后较好。

⑤ 大多数职业病目前尚缺乏特效治疗手段，因此保护职业人群的预防措施显得格外重要。

三、职业病的预防

① 职业病源头预防的有效办法就是职业病危害预评价。对职业病危害严重的建设项目，其防护设施设计须经相关部门审查，符合职业卫生标准方可施工。

② 生产过程中建立职业病危害项目申报制度，加强职业危害控制管理。

③ 进行劳动现场的有毒有害因素的监测和控制，实行职业病危害控制效果评价制度。

④ 对员工进行上岗前、在岗期、转岗和离岗的健康体检，对员工进行职业卫生健康教育，使其能够正确使用劳动防护用品。

四、职业卫生的三级预防原则

职业卫生属于预防医学的范畴，其工作应遵循预防医学的三级预防原则。

（1）一级预防　不接触职业危害因素的损害，采取措施改进生产工艺、生产过程及治理作业环境的职业危害因素，使劳动条件达到国家标准，创造对劳动者的健康没有危害的生产劳动环境。

（2）二级预防　在一级预防达不到要求，职业危害因素已经开始损及劳动者的健康的情况下，应尽早地发现职业危害作业点及职业病病症。对接触职业危害因素的职工进行定期身体检查，以便及早发现问题和病情，迅速采取补救措施。

（3）三级预防　对已患职业病者，正确诊断，及时处理，及时调离有害作业岗位，积极给予综合治疗和康复治疗，防止恶化和并发症，以恢复健康。

五、职业病诊断与职业病病人保障

职业病诊断应当由取得《医疗机构执业许可证》的医疗卫生机构承担。卫生行政部门应当加强对职业病诊断工作的规范管理，具体管理办法由国务院卫生行政部门制定。承担职业病诊断的医疗卫生机构不得拒绝劳动者进行职业病诊断的要求。职业病诊断，应当综合分析下列因素：病人的职业史；职业病危害接触史和工作场所职业病危害因素情况；临床表现以及辅助检查结果等。没有证据否定职业病危害因素与病人临床表现之间的必然联系的，应当诊断为职业病。职业病诊断证明书应当由参与诊断的取得职业病诊断资格的执业医师签署，并经承担职业病诊断的医疗卫生机构审核盖章。

用人单位应当如实提供职业病诊断、鉴定所需的劳动者职业史和职业病危害接触史、工作场所职业病危害因素检测结果等资料；卫生行政部门应当监督检查和督促用人单位提供上述资料；劳动者和有关机构也应当提供与职业病诊断、鉴定有关的资料。职业病诊断、鉴定机构需要了解工作场所职业病危害因素情况时，可以对工作场所进行现场调查，也可以向卫生行政部门提出，卫生行政部门应当在十日内组织现场调查。用人单位不得拒绝、阻挠。用人单位和医疗卫生机构发现职业病病人或者疑似职业病病人时，应当及时向所在地卫生行政部门报告。确诊为职业病的，用人单位还应当向所在地劳动保障行政部门报告。接到报告的部门应当依法作出处理。

用人单位应当保障职业病病人依法享受国家规定的职业病待遇。用人单位应当按照国家有关规定，安排职业病病人进行治疗、康复和定期检查。用人单位对不适宜继续从事原工作的职业病病人，应当调离原岗位，并妥善安置。用人单位对从事接触职业病危害的作业的劳动者，应当给予适当岗位津贴。职业病病人的诊疗、康复费用，伤残以及丧失劳动能力的职业病病人的社会保障，按照国家有关工伤保险的规定执行。职业病病人除依法享有工伤保险外，依照有关民事法律，尚有获得赔偿的权利的，有权向用人单位提出赔偿要求。劳动者被诊断患有职业病，但用人单位没有依法参加工伤保险的，其医疗和生活保障由该用人单位承担。

进度检查

一、选择题

1. 职业健康工作应该遵循（　　）级预防原则。

A. 2 　　　　　　　　B. 3 　　　　　　　　C. 4 　　　　　　　　D. 5

2. 我国职业病分为十大类（　　）种。

A. 131 　　　　　　　B. 132 　　　　　　　C. 133 　　　　　　　D. 134

二、判断题

1. 苯的急性毒作用为中枢神经麻醉，慢性毒作用主要影响骨髓造血功能，表现为再生障碍性贫血和致白血病作用。（　　）

2. 职业病病人除依法享有工伤保险外，无权向用人单位提出赔偿要求。（　　）

3. 用人单位对不适宜继续从事原工作的职业病病人，应当调离原岗位，并妥善安置。（　　）

三、简答题

1. 我国职业病是如何进行分类的？

2. 职业病的预防措施有哪些？

学习单元 7-2　粉尘危害及预防

学习目标： 在完成本单元学习之后，能够对粉尘危害进行预防。
职业领域： 化学、石油、环保、医药、冶金、食品等
工作范围： 分析

一、工业粉尘及危害

1. 工业粉尘来源及分类

（1）工业粉尘的来源　工业粉尘是指生产过程中使用、产生的，能较长时间悬浮于作业环境中的固体微粒。在工业生产过程中，工业粉尘的主要来源有：矿藏的开采、固体机械粉碎、研磨、切割等过程；固体不完全燃烧产生的烟尘；固体颗粒搬运、混合；粉状产品包装、运输；物质加热产生的蒸气在空气中的凝结或氧化等。

（2）工业粉尘的理化性质　粉尘的理化性质是指粉尘本身固有的各种物理、化学性质。其与防尘技术关系密切的特性有：密度、分散度、湿润性、黏附性、燃爆性、荷（带）电性、溶解度、形状和硬度等。其中粉尘的化学组成决定其对机体的作用性质和危害程度。

① 粉尘的分散度　粉尘由粒径不同的尘粒组成，粉尘的分散度是指不同粒径的粉尘所占的质量分数。粉尘中微细颗粒占的百分比大，表示分散度高；粗颗粒占的百分比大，表示分散度低。分散度高的粉尘不易被除尘器捕集。粉尘的分散度与粉尘在空气中的悬浮性有直接关系。粉尘颗粒愈小，在空气中的沉降速度愈慢，悬浮时间愈长，被人体吸入的机会愈多。粉尘的分散度还与粉尘在呼吸道中的阻留部位有密切关系。直径 $10\mu m$ 左右的大颗粒粉尘，绝大部分被上呼吸道所阻留；而直径 $0.5\mu m$ 以下的粉尘颗粒，又因弥散作用而使阻留率再度升高。

② 粉尘的密度　指单位体积内粉尘的重量，单位：mg/m^3，有堆积密度和真密度之分。自然堆积状态下单位体积粉尘的质量，称为粉尘堆积密度（或称容积密度）。密实状态下单位体积粉尘的质量，称为粉尘真密度（或称尘粒密度）。

③ 粉尘的黏附性　粉尘之间或粉尘与固体表面（如器壁、管壁等）之间的黏附性质称为粉尘黏附性。粉尘的粒径越小，黏附性越强。粉尘相互间的凝并与粉尘在固体表面上的堆积都与粉尘的黏附性相关，前者会使尘粒增大，在各种除尘器中都有助于粉尘的捕集；后者易使粉尘设备或管道发生故障和堵塞。粉尘的含水率、形状、分散度等对它的黏附性均有影响。

④ 粉尘的荷电性　高分散度的粉尘常带有电荷，电荷可由粉碎过程和流动中相互摩擦而产生，或由吸附空气中的离子获得。荷电的粉尘颗粒易被阻留肺内，并影响细胞吞噬速度。

⑤ 粉尘的湿润性　粉尘粒子被水（或其他液体）湿润的难易程度称为粉尘湿润性。有的粉尘（如锅炉飞灰、石英砂等）容易被水湿润，与水接触后会发生凝并、增重，有利于粉尘从气流中分离，这种粉尘称为亲水性粉尘。有的粉尘（如炭黑、石墨等）很难被水湿润，这种粉尘称为憎水性粉尘。粉尘的湿润性是选择除尘器的主要依据之一。例如，用湿式除尘器处理憎水性粉尘，除尘效率不高。如果在水中加入某些湿润剂（如皂角素），可减少固液之间的表面张力，提高粉尘的湿润性，从而达到提高除尘效率的目的。粉尘是否容易被水湿润，对除尘器的效能有很大影响。

⑥ 粉尘的燃爆性　高分散度、高浓度的可氧化的粉尘，遇到明火、火花或放电时，可发生爆炸，有些粉尘（如镁粉、碳化钙粉）与水接触后会引起自燃或爆炸，有些粉尘在空气中达到一定浓度时，若存在着能量足够的火源，也会引起爆炸。爆炸危险性粉尘（如泥煤、松香、铝粉、亚麻等）在空气中的浓度只有在达到某一范围内才会发生爆炸，这个爆炸范围的最低浓度叫做爆炸下限，最高浓度叫做爆炸上限。粉尘的粒径越小，比表面积越大，粉尘和空气的湿度越小，爆炸危险性越大。对于有爆炸危险的粉尘，在进行通风除尘系统设计时必须给予充分注意，采取必要的防爆措施。例如，对使用袋式除尘器的通风除尘系统可采取控制除尘器入口含尘浓度、在系统中加入惰性气体（仅用于爆炸危险性很大的粉尘）或不燃性粉料、在袋式除尘器前设置预除尘器和冷却管、消除滤袋静电等措施来防止粉尘爆炸。防爆门（膜）虽然不能防止爆炸，但可控制爆炸范围和减少爆炸次数，在万一发生爆炸时能及时地泄压，可防止或减轻设备的破坏程度，降低事故造成的损失。

⑦ 粉尘的溶解度　具有化学毒性的粉尘（如铅、锰及其化合物等），随溶解度的增加，对人体的危害增强。无毒粉尘则相反，随溶解度的增加，对人体的危害减弱。致纤维化作用的粉尘（如矽尘、石棉尘等），虽然在体内溶解度很低，但可引起尘肺。

⑧ 粉尘的形状和硬度：粉尘颗粒的真密度和形状与粉尘的沉降速度有一定的关系，真密度愈大、愈接近于球形，沉降速度愈快。边缘锐利、呈锯齿状坚硬的大颗粒粉尘（如铁尘等），易引起上呼吸道黏膜和眼睛的局部刺激和损伤。长而柔软的纤维状粉尘（如棉尘等），易沉降黏附于呼吸道黏膜，可引起慢性炎症。

（3）工业粉尘的分类　工业粉尘按来源可分为无机粉尘、有机粉尘和混合粉尘，见表7-1。

表 7-1　工业粉尘分类

属　性	类　别	举　例
无机粉尘	矿物性	石英、金属矿石(金、铜、钨等)、煤、滑石、石棉等粉尘
	金属性	冶炼或加工中形成的金属及其氧化物如铝、铁、钡等粉尘
	人工性	水泥、炭黑、玻璃纤维等粉尘
有机粉尘	植物性	棉、麻、谷物、蔗渣、烟草、茶叶等粉尘
	动物性	动物的皮、毛、骨、角等粉尘
	人工性	有机染料、塑料、合成纤维及合成橡胶等粉尘
混合粉尘		各种粉尘的混合物

工业粉尘按粉尘粒度可分为：

① 尘埃：粒径大于 $10\mu m$，在静止空气中可加速下降。

② 尘雾：粒径在 $0.1\sim10\mu m$ 之间，在静止空气中下降缓慢。

③ 尘烟：粒径小于 $0.1\mu m$，在空气中自由运动，在静止空气中几乎完全不降落。

2. 工业粉尘进入人体的途径

人体对进入呼吸道的粉尘具有防御机能，能通过各种途径将大部分尘粒清除掉。其作用大体分为三种：滤尘机能、传送机能和吞噬机能。这三种机能互有联系。

尘粒进入呼吸道时，首先由于上呼吸道的生理结构、气流方向的改变和黏液分泌，使大于 $10\mu m$ 的尘粒在鼻腔和上呼吸道沉积下来而被清除掉。据研究，鼻腔滤尘效能约为吸气中粉尘总量的 $30\%\sim50\%$。由于粉尘对上呼吸道黏膜的作用，使鼻腔黏膜机能亢进，毛细血管扩张，大量分泌黏液，借以直接阻留更多的粉尘。这是机体的一种保护性反应，但在病理学上已属于肥大性鼻炎。此后黏膜细胞由于营养供应不足而萎缩，逐渐形成萎缩性鼻炎，则滤尘机能显著下降。由于类似的变化，粉尘还可引起咽炎、喉炎、气管炎及支气管炎等。

在下呼吸道，由于支气管的逐级分支、气流速度减慢和方向改变，可使尘粒沉积黏着在支气管及其分支管壁上。这部分尘粒大小直径约在 $2\sim10\mu m$。其中大多数尘粒通过黏膜上皮的纤毛运动伴随黏液往外移动而被传送出去，并通过咳嗽反射排出体外。

进入肺泡内的粉尘，一部分随呼气排出；另一部分被吞噬细胞吞噬后，通过肺泡上皮表面的一层液体的张力，被移送到具有纤毛上皮的呼吸性细支气管的黏膜表面，并由此传送出去。还有一部分粉尘被吞噬细胞吞噬后，通过肺泡间隙进入淋巴管，流入肺门。直径小于 $3\mu m$ 的尘粒，大多数是通过吞噬作用而被清除的。

由此可见，人体通过各种清除机能，可将进入肺脏的绝大多数尘粒排出体外，而进入和残留在肺门淋巴结内的粉尘，只是吸入粉尘的一小部分。虽然人体有良好的防御机能，但在一定条件下，如果防尘措施不好，长期吸入浓度较高的粉尘，仍可产生不良影响。

3. 工业粉尘的危害

粉尘对人体的危害，根据其理化性质、进入人体的量的不同，可引起不同的病变。如呼吸性系统疾病、局部作用、中毒作用等。

（1）尘肺　尘肺是我国危害最严重的职业病，是长期吸入的较高浓度的粉尘沉积在肺内引起的，是以肺组织纤维化病变为主的全身性疾病。尘肺病中患病率最高的是矽肺和煤工尘肺。尘肺发病缓慢，一般是接触几年后才发病。一旦患上尘肺，即使脱离粉尘环境，病情仍可继续发展，日益严重，严重影响身体健康，影响劳动能力。尘肺是难以治愈的，如矽肺和石棉肺，一旦得病，轻则慢性致残，重则死亡。

（2）呼吸系统损害　粉尘进入呼吸道后，可引起黏膜刺激。石棉尘、二氧化硅粉尘可引起上呼吸道炎症，棉尘、麻尘等植物性粉尘可引起呼吸道阻塞性疾病。茶、枯草、皮毛等粉尘可引起过敏性体质人员发生支气管哮喘。霉变枯草可致"农民肺"，甘蔗渣可致"蔗渣肺"。

（3）中毒　吸入铅、砷、锰、农药、化肥、助剂等有毒粉尘后，这些物质能经呼吸道溶解吸收，引起全身中毒。

（4）皮肤、眼部病变　长期接触粉尘可使皮肤及眼受到损害，如沥青尘可致光感性皮炎，金属性粉尘可致角膜损伤，导致角膜感觉迟钝和角膜混浊。

（5）致癌　石棉粉尘，镍及其氧化物粉尘，铬、砷等金属性粉尘可导致肺癌，放射性粉尘进入人体也会引起癌变。

二、防粉尘措施

1. 预防与控制技术

防尘对策需要对工艺、设备、物料、操作条件、劳动卫生防护设施、个人防护用品等进行优化组合，采取综合对策，包括技术措施、组织措施和管理措施。技术措施是关键，是控制、消除粉尘污染源的根本措施，组织措施和管理措施是技术措施的保障。防尘综合措施主要包括：宣传教育、技术革新、湿法防护、密闭尘源、通风除尘、个体防护、维护管理、监督检查等。

（1）工艺选用　选用不产生或少产生粉尘的工艺，采用无危害或危害小的物料，是消除、减弱粉尘危害的根本途径。例如，用湿法生产工艺代替干法生产工艺。

（2）限制、抑制扬尘和粉尘扩散

① 采用密闭管道输送、密闭自动（机械）称量、密闭设备加工，防止粉尘外逸。不能完全密闭的尘源，在不妨碍操作条件下，尽可能采用半封闭罩、隔离室等设施来隔绝、减少粉尘与工作场所空气的接触，将粉尘限制在局部范围内，减弱粉尘的存在。

② 通过降低物料落差、适当降低溜槽倾斜度、隔绝气流、减少诱导空气量和设置空间（通道）等方法，抑制由于正压造成的扬尘。

③ 对亲水性、弱黏性的物料和粉尘采用增湿、喷雾、喷蒸汽等措施，可有效地减少物料在装卸、运转、破碎、筛分、混合和清扫过程中粉尘的产生和扩散。厂房喷雾有助于室内飘尘的凝聚和降落。

④ 为消除二次尘源、防止二次扬尘，应在设计中合理布置，尽量减少积尘平面，地面、墙壁应平整光滑、墙角呈圆角，便于清扫。使用负压清扫装置来消除逸散、沉积在地面、墙壁、构件和设备上的粉尘。对碳黑等污染大的粉尘作业及大量散发沉积粉尘的工作场所，则应采用防水地面、墙壁、顶棚、构件，采用水冲洗的方法清理积尘。严禁用吹扫方式清尘。

⑤对污染大的粉状辅料宜用小包装运输，连同包装袋一并加料和加工，限制粉尘扩散。

（3）通风除尘　通风除尘要考虑工艺特点及排尘的需要，利用风压、热压差、合理组织气流，充分发挥自然通风改善作业环境的作用，当自然通风不能满足要求时，应设置全面或局部机械通风排尘装置。通风除尘设施是尘源控制与隔离的重要手段。

工业通风按通风系统的工作动力分为自然通风、机械通风。按组织车间内的换气原则又分为全面通风、局部通风、混合通风。

① 全面机械通风除尘　全面机械通风是对整个厂房进行的通风换气，是把清洁空气不断送入车间，将车间空气中的粉尘浓度稀释并将污染的空气排到室外，使室内空气中的有害物质浓度达到国家卫生标准的措施。

② 局部机械通风除尘　局部机械通风是对厂房内的尘源进行通风除尘，使局部作业环境得到改善，是目前工业生产中控制粉尘扩散、消除粉尘危害的最有效的一种办法。局部机械通风是通过各种吸尘罩实现的，吸尘罩是局部机械通风的关键部件。

2. 使用除尘设备

除尘器的形式很多，基本上可以分成干式、湿式两大类。主要利用重力、惯性力、离心力、热力、扩散黏附力和电力等进行除尘。除尘器是将粉尘从含尘气流中分离出来的净化设备。除尘器的主要参数可分为技术参数（除尘风量、除尘效率、阻力）、经济参数（设备费、运行费、使用寿命、占地面积、空间体积）。

（1）重力沉降室　通过粉尘本身的重力使尘粒从气流中分离出来。重力沉降室仅适用于粒径 $50\mu m$ 以上的粉尘。由于其除尘效率低、占地面积大，现在很少使用。常作为高浓度含尘气体系统中的一级除尘。

（2）旋风除尘器　旋风除尘器利用气流旋转过程中作用在粉尘尘粒上的惯性离心力，使尘粒从气流中分离。从结构上，旋风分离器分为回流式、旁路式、平旋式、直流式和旋流式。旋风除尘器结构简单、体积小、维护方便、制造方便，在工业上应用很广，主要用于 $10\sim 20\mu m$ 粉尘，用作多级除尘器的第一级除尘器。

（3）湿式除尘器　湿式除尘器又称洗涤器，通过含尘气体与液滴或液膜的接触使尘粒从气流中分离。优点是结构简单、投资低、占地面积小、除尘效率高、能同时对有害气体进行净化。工业上常用的有喷淋塔（主要用于处理浓度高的含尘气体）、水浴除尘器（用于亲水性和较粗的粉尘处理）、文丘里除尘器（清除微细粉尘效率很高）等，适宜处理有爆炸危险性或同时含有多种有害物的气体。缺点是有用物料不能用此法回收，泥浆处理困难。

（4）过滤除尘器　过滤除尘器是使含尘空气通过织物的过滤层或通过由填充材料构成的过滤层，当含尘空气通过过滤层时，粉尘尘粒会阻留下来。织物过滤层通常做成袋形，因而过滤除尘器也称布袋除尘器、袋式除尘器或袋滤器。常用的袋滤器是高频振动式，填充材料主要是合成纤维、金属丝、丝网等。袋滤器除尘效率高，应用广泛，但不适于处理高温高湿含尘气体。

（5）电除尘器　电除尘器利用高压电场产生的静电力，使尘粒从空气中分离。电除尘是一种高效干式除尘器，阻力低，可处理高温、高湿气体，适用于大型工程，造价高。根据收尘机形式，电除尘器分为管式和板式两种。

（6）其他辅助部件　除尘管道用于输送含尘气体，连接除尘器、吸尘罩及风机。企业应充分考虑管道阻力平衡、管道材质、管道内气体流速、粉尘性质和含尘气体的性质等因素选用除尘管道。

风机是克服系统阻力，输送含尘气体的机械设备，主要有离心式、轴流式、横流式。风机选择时主要考虑有用效率、转速、噪声等因素。

3. 强化管理

从事尘毒作业的职工，就业前应进行体格检查，有禁忌证的不得从事相应作业。就业后，按规定发放保健，定期体检。建立个人健康监护档案。采取防尘教育、定期检测、加强防尘设施维护检修、对从业人员定期体检等管理措施。

4. 做好个体防护

由于工艺、技术的原因，通风除尘设施无法达到卫生标准要求时，操作工人必须佩戴防尘口罩等个人防护用品。

在事故状态、抢修设备作业时，做好个体防护是避免发生大量吸入粉尘的有效方法。值得注意的是，当必须采取个体防护手段时，也就表明外部危险性处于不可控状态，一旦个体防护措施失效，就可能导致机体损害。

呼吸防护用品可分为过滤式和隔离式两大类。前者包括防尘口罩等；后者包括送风式头盔、自吸式面罩、空气呼吸器、氧气呼吸器等。

皮肤防护用品包括防护手套、防护眼镜、防护鞋、防护服、防护油膏等。

防护用品的选择要根据现场情况（如粉尘的性质、浓度，氧气含量）及其防护特性确定。

进度检查

一、选择题

下列粉尘中，（　　）属于无机粉尘。

A. 烟草尘　　　　　B. 滑石粉　　　　　C. 亚麻尘　　　　　D. 骨粉

二、判断题

1. 粉尘中微细颗粒占的百分比小，表示分散度高。　　　　　　　　　　（　　）

2. 尘肺是一种严重的职业病类型。　　　　　　　　　　　　　　　　　（　　）

三、简答题

1. 工业粉尘有哪些危害？

2. 防粉尘措施有哪些？

学习单元 7-3　物理性职业危害

学习目标：在完成本单元学习之后，能够对物理性职业危害进行预防。
职业领域：化学、石油、环保、医药、冶金、食品等
工作范围：分析

一、噪声危害与预防

1. 噪声的危害

噪声是指不同频率和不同强度的声音无规律地组合在一起所形成的声音，是人们不希望有的声音，是一种公害，它不仅能使一些装置和设备产生疲劳和失效，干扰人们对其他声源信号的感觉和鉴别，更重要的是会影响人们的生活和工作。通过对生产现场调查和临床观察证明，无防护措施的生产性强噪声，对人体能产生多种不良影响，甚至形成噪声性疾病。主要表现在以下两方面。

（1）对听觉系统的影响　每个人对噪声的感觉各不相同，但任何人的听觉都会受到噪声的损害。当脱离噪声影响一段时间后，听力仍能恢复，但是一旦发生暂时性听觉位移，如不及时采取预防措施，就很容易发生永久性听觉位移，继而发展成为噪声聋。

（2）对神经、消化、心血管等系统的影响　噪声可引起头痛、头晕、记忆力减退、睡眠障碍等神经衰弱症状；可引起心率加快或减慢、血压升高或降低等改变；也可引起食欲减退、腹胀等胃肠功能紊乱；还可对视力、血糖等产生影响。

2. 噪声的预防措施

（1）严格执行噪声卫生标准　操作人员每天连续接触噪声 8h，噪声声级卫生限制为 85dB；若每天接触噪声时间达不到 8h 者，可根据实际接触时间，按照接触时间减半，允许增加 3dB，但是，噪声接触强度最大不得超过 115dB（此项标准不适用于脉冲噪声）。

（2）噪声控制　这是控制噪声最根本的办法。主要应在设计、制造生产工具或机械过程中，通过工艺改革、机械结构改造、控制设备振动等措施来尽力实现。另外，还应控制噪声的传播，如可利用多孔吸声材料进行室内噪声的吸声，在操作室与存在噪声源场所之间安装双层玻璃窗进行隔声，对机泵、电机、空气压缩机之类的设备可根据吸声反射、干涉等原理设计消声部件进行消声。

（3）正确使用和选择个人防护用品　在强噪声环境中工作的人员，要合理选择和利用个人防护器材，如耳罩、耳塞、防噪声头盔等。

（4）医学监护　就业前认真做好健康体检，严格控制职业禁忌。对从业人员要定期进行健康体检，发现有明显听力影响者，要及时调离噪声作业环境。

二、振动危害与预防

1. 振动的危害

物体在外力作用下以中心位置为基准，做直线或弧线的往复运动，称为振动，人体器官在经受振动时有不同的感受，有愉快的、不愉快的、不安的甚至是危害性的。振动分为局部振动和全身振动。长期接触局部振动的人，可有头昏、失眠、心悸、乏力等不适，还有手麻、手痛、手凉、手掌多汗，遇冷后手指发白等症状，甚至可能工具拿不稳、吃饭掉筷子。而长期全身振动，可出现脸色苍白、出汗、唾液多、恶心、呕吐、头痛、头晕、食欲不振等现象，还可有体温、血压降低等。

2. 预防措施

（1）改革工艺 如用化学除锈剂替代强烈振动的机械除锈工艺，用水瀑清砂代替风铲清砂，用液压焊接、粘接代替铆接等，都可明显减少振动。

（2）采取隔振措施 如压缩机与楼板接触处，用胶垫等隔振材料减少振动。

（3）改进振动工具 采取减振措施，设计自动、半自动式操纵装置，减少手及肢体直接接触振动体。

（4）合理安排接振时间 可以采取轮流作业或增加工间休息时间来达到。

（5）加强个人防护 个人防护也是预防振动的一个重要方面，可配备减振手套，休息时用 40～60℃ 的热水浸泡手，每次 10min 左右。就业前和就业后定期体格检查，凡是不适合从事振动作业的人，要妥善安排其他工作。

三、辐射危害与预防

1. 辐射的危害

辐射是能量的一种形式，一般无法通过视觉、嗅觉、感觉、听觉和味觉来发现它的存在。辐射一般分为两类：电离辐射和非电离辐射。这两类辐射都会造成危害。

凡是能引起物质电离的各种辐射都称为电离辐射，电离辐射的辐射源包括 X 射线、γ 射线、α 粒子、β 粒子、中子和其他核粒子。电离辐射对人体引起的职业病主要是放射性疾病（放射病）。放射性疾病是人体受各种电离辐射而发生的各种类型和不同程度损伤（或疾病）的总称，它包括全身性放射性疾病，如急慢性放射病；局部放射性疾病，如急慢性放射性皮炎，放射性白内障；放射所致远期损伤，如放射所致白血病。

非电离辐射包括紫外辐射、红外辐射、可见光辐射、射频辐射和微波、激光辐射。强烈的紫外辐射可引起电光性眼炎、皮炎等；红外线最容易引起的职业病是白内障；射频辐射可引起中枢神经系统和植物神经系统功能紊乱、心血管系统方面的疾病；而激光主要是引起人的眼部和皮肤造成损伤。

2. 预防措施

对操作人员来说最基本的防护措施是减少外照射和防止内照射，即在进行放射性物质操作时要尽可能缩短被照射的时间，尽量加大操作人员与放射源的距离，正确使用个人防护用品，设置防护屏障，同时还要做好健康监护，定期对危险范围内的人员进行体格检查，有不适应者，不得参加此项工作。

进度检查

一、选择题

作业场所防止噪声危害的根本措施是（　　　）。

A. 降低噪声的频率　　　　　　　　B. 从声源着眼，降低噪声强度

C. 采取隔声措施　　　　　　　　　D. 采取吸声措施

二、判断题

1. 噪声对神经、消化、心血管等系统不会造成影响。　　　　　　　（　　　）

2. 红外线最容易引起的职业病是白内障。　　　　　　　　　　　　（　　　）

3. 用液压焊接、黏接代替铆接等，都可明显减少振动。　　　　　　（　　　）

三、简答题

1. 噪声预防措施有哪些？

2. 辐射的危害有哪些？

学习单元 7-4 个体防护

个体防护装备的应用是防止职业危害因素直接伤害人体的最后一道防线。有些较差的劳动环境难以一时治理好，而劳动者的工作时间又较短时，就应该做好个体防护。

一、呼吸系统防护

呼吸系统防护主要是防止有毒气体、蒸气、尘、烟、雾等有害物质经呼吸器官进入人体，从而防止其对人体造成损害。在尘毒污染、事故处理、抢救、检修、剧毒操作以及在狭小仓库内作业时，要求佩戴可靠的呼吸系统防护用具。

1. 呼吸系统防护用具的种类

按用途分，呼吸系统防护用具可分为防尘、防毒、供氧三类。

按作用原理分，呼吸系统防护用具分为过滤式（净化式）、隔绝式（供气式）两类。过滤式呼吸器的功能是滤除人体吸入空气中的有害气体、工业粉尘等。隔绝式呼吸器的功能是使戴用者呼吸系统与劳动环境隔离，由呼吸器自身供气（氧气或空气）或从清洁环境中引入纯净空气维持人体正常呼吸，适用于缺氧、严重污染等工作场所戴用。

2. 呼吸系统防护用具的选择

选用原则：一是防护有效；二是戴用舒适；三要经济。工作现场既要考虑可能发生的危害，又要根据实际的污染程度选用呼吸器的品种。一般情况下，过滤式面具适合毒物浓度不高的场合，在毒物浓度高的情况下，应用氧气呼吸器或空气呼吸器。使用呼吸器前一定要检查完好，并学会正确使用方法。

二、头部防护

1. 头部的伤害因素

（1）物体打击伤害　在生产过程中如开采矿山、建筑施工、爆破等，可能发生物件、岩石、土块、工具和零部件从高处坠落或抛出的情况，击中在场人员的头部而造成头部伤害。

（2）机械性损伤　生产过程中旋转的机床、叶轮、皮带等，可造成作业人员的头部受损。

（3）高处坠落伤害　在生产中，如安装、维修等高处作业时有可能发生人体坠落事故。

（4）毛发（头皮）的污染伤害　粉尘作业、农药喷射时容易污染毛发。

2. 头部防护用品的种类

头部防护用品是为防御头部受外来物体打击和其他因素危害而配备的个体防护装备。根据防护功能分为安全帽、防护头罩和工作帽三类。

（1）安全帽　安全帽是生产中广泛使用的头部防护用品，它的作用在于：当作业人员受到坠落物、硬质物体的冲击或挤压时减少冲击力，消除或减轻其对人体头部的伤害。安全帽属于国家特种防护用品工业生产许可证管理的产品。标准《安全帽》（GB 2811—2007）是强制执行的标准。选择安全帽时，一定要选用符合国家标准规定、标志齐全、经检验合格的安全帽。使用安全帽时，要掌握正确的使用和保养方法。据有关部门统计，坠落物体伤人事故中15％是因为安全帽使用不当造成的。因此，在使用过程中一定要注意以下问题。

① 使用之前一定要检查安全帽上是否有裂纹、碰伤痕迹、磨损，安全帽上如存在影响其性能的明显缺陷就应该及时报废，以免影响防护作用。

② 不能随意在安全帽上拆卸或添加附件，以免影响其原有的防护性能。

③ 不能随意调节帽的尺寸，因为安全帽的尺寸直接影响其防护性能。

④ 使用时要将安全帽戴牢戴正，防止安全帽脱落。

⑤ 受过冲击或做过试验的安全帽要予以报废。

⑥ 不能私自在安全帽上打孔，以免影响其强度。

⑦ 要注意安全帽的有效期，超过有效期的安全帽应该报废。

（2）工作帽　工作帽又叫护发帽，主要是对头部，特别是对头发起到保护作用，它可以保护头发不受灰尘、油烟和其他环境因素的污染，也可以避免头发被卷入转动的传动带或滚轴里，还可以起到防止异物进入颈部的作用。

（3）防护头罩　防护头罩是使头部免受火焰、腐蚀性烟雾、粉尘以及恶劣气候伤害的个人防护装备。

三、眼、面部防护

伤害眼、面部的因素较多，如各种高温热源、射线、光辐射、电磁辐射、气体、熔融金属等异物飞溅、爆炸等都是造成眼、面部的伤害因素。眼、面部防护用品包括眼镜、眼罩和面罩三类。目前我国眼、面防护用品主要有：焊接用眼防护具、炉窑用眼防护具、防冲击眼防护具、微波防护镜、激光防护镜、X射线防护镜、尘毒防护镜等。

四、皮肤的防护

1. 护肤用品的种类

职业个体防护的护肤用品主要指护肤剂。护肤剂分为水溶性和脂溶性两类，前者防油溶性毒物，后者防水溶性毒物。护肤剂一般在整个劳动过程中使用，涂用时间长，上班时涂抹，下班后清洗，可起到一定隔离作用，使皮肤得到保护。

2. 常用护肤用品

（1）防护膏　防护膏的作用是增加涂展性，从而能隔绝有害物质的侵入。防护膏有亲水性防护膏、疏水性防护膏、遮光护肤膏和滋润性防护膏。

（2）防护霜　　防护霜主要用于预防和治疗皮肤干燥、粗糙、皲裂。特别适宜于接触吸水性或碱性粉尘、能溶解皮脂的有机溶剂和肥皂等碱性溶液的情况，也特别适用于露天、水上作业等工种。

（3）皮肤清洗剂　　包括皮肤清洗液和皮肤干洗膏。皮肤清洗液适用于汽车修理、机械维修、机床加工、钳工装配、煤矿采挖、石油开采、原油提炼、印刷油印、设备清洗等行业。皮肤干洗膏主要用于在无水情况下，去除手上的油污，如汽车司机在途中检修排除故障、在野外勘探等环境。

（4）皮肤防护膜　　皮肤防护膜又叫隐形手套，其作用是附着于皮肤表面，阻止有害物质对皮肤的刺激和吸收作用。

五、手、足部的防护

1. 手的防护用品

手的防护是指劳动者根据作业环境中的有害因素戴用特别手套，以防止各种手伤事故。防护手套主要品种有：耐酸碱手套、电工绝缘手套、电焊工手套、防寒手套、耐油手套、防X射线手套、石棉手套等。

2. 足部防护用品

足部防护用品是指劳动者根据作业环境中的有害因素，为防止可能发生的足部伤害或其他事故，所穿用的特制的靴（鞋）。主要有：防静电鞋和导电鞋、绝缘鞋、防砸鞋、防酸碱鞋、防油鞋、防滑鞋、防寒鞋、防水鞋等。

⬛ 进度检查

简答题

1. 使用安全帽应该注意哪些？
2. 个人职业防护的常用护肤品有哪些？

《职业病防治法》宣传周

我国将每年4月的最后一周至5月1日国际劳动节定为《中华人民共和国职业病防治法》（以下简称《职业病防治法》）宣传周。《职业病防治法》宣传周目的是认真贯彻党中央、国务院关于职业病防治工作的决策部署，深入宣传贯彻《职业病防治法》，推动用人单位落实职业病防治主体责任，保障广大劳动者职业健康权益。每年宣传周期间，卫生健康主管部门将会同人力资源社会保障、工会等有关部门和组织围绕一个主题联合开展《职业病防治法》宣传周活动。

历年主题：

2003年：职业病防治是企业责任。

2004年：尊重生命，保护劳动者健康。

2005年：防治职业病，保护劳动者健康。

2006年：保护劳动者职业健康权益，构建和谐社会。

2007年：劳动者健康与企业社会责任。

2008年：工作、健康、和谐。

2009年：保护农民工健康是全社会的共同责任。

2010年：防治职业病造福劳动者——劳动者享有基本职业卫生服务。

2011年：关爱农民工职业健康。

2012年：防治职业病，爱护劳动者。

2013年：防治职业病，幸福千万家。

2014年：防治职业病，职业要健康。

2015年：依法防治职业病，切实关爱劳动者。

2016年：健康中国，职业健康先行。

2017年：健康中国，职业健康先行。

2018年：健康中国，职业健康先行。

2019年：健康中国，职业健康同行。

2020年：职业健康保护·我行动。

2021年：共创健康中国，共享职业健康。

2022年：一切为了劳动者健康。

模块 8　环境污染与处理

编号 FCJ-23-01

学习单元 8-1　人类与环境

学习目标： 完成本单元的学习之后，能够了解人类与环境的关系、环境污染对人体的影响和危害。

职业领域： 化工、石油、环保、医药、冶金、建材等

工作范围： 分析

一、人类与环境的关系

自然环境是人类生存、繁衍的物质基础；保护和改善自然环境，是人类维护自身生存和发展的前提。这是人类与自然环境关系的两个方面，缺少一个就会给人类带来灾难。

我们生活的自然环境，是地球的表层，由空气、水和岩石（包括土壤）构成大气圈、水圈、岩石圈，在这三个圈的交会处是生物生存的生物圈。这四个圈在太阳能的作用下，进行着物质循环和能量流动，使人类（生物）得以生存和发展。

人类和环境都是由物质组成的。物质的基本单元是化学元素，它是把人体和环境联系起来的基础。据科学测定，人体血液中的 60 多种化学元素的含量比例，同地壳各种化学元素的含量比例十分相似。这表明了人与环境的统一关系。

人与环境之间的辩证统一关系，表现在机体的新陈代谢上，即机体与环境不断进行物质交换和能量传递，使机体与周围环境之间保持着动态平衡。机体从空气、水、食物等环境中摄取生命必需的物质，如蛋白质、脂肪、糖类、无机盐、维生素、氧气等，通过一系列复杂的同化过程合成细胞和组织的各种成分，并释放出热量保障生命活动的需要。机体分解代谢，经各种途径如汗、尿、粪便等排泄到外部环境（如空气、水和土壤等）中，形成了生态系统中的物质循环、能量流动。

二、环境污染对人体的危害

工业革命后，生产力大大提高，人类对环境的影响也增大了。到 21 世纪，人类利用、改造环境的能力空前提高，规模逐渐扩大，创造了巨大的物质财富。据估算，现代农业获得的农产品可供养五十亿人口，而原始土地上光合作用产生的绿色植物及其供养的动物，只能供给一千万人的食物。但是，人类活动引起的各种污染，使环境质量下降或恶化。污染物通过各种媒介侵入人体，使人体器官组织功能失调，引发各种疾病，严重时导致死亡，这种状况成为"环境污染疾病"。

环境污染对人体健康的危害是极其复杂的过程，其影响具有广泛性、长期性和潜伏性等

特点，具有致癌、致畸、致突变等作用，有的污染物潜伏期达十几年，甚至可影响到子孙后代。环境污染对人体的危害，按时间分为急性危害、慢性危害和亚急性危害。在短时间内（或者一次性的）有害物大量侵入人体内引起的中毒为急性中毒，如 20 世纪 30～70 年代世界几次大的烟雾污染事件，都属于环境污染的急性危害。其中 1952 年伦敦烟雾事件死者多属于急性闭塞性换气不良，因急性缺氧或心脏病恶化而死亡。少量的有害物质经过长期侵入人体所引起的中毒，称为慢性中毒。这种慢性毒作用既是环境污染物本身在体内逐渐积累的结果，又是污染引起机体损害逐渐积累的结果。如镉污染引起的骨痛病，氟污染导致氟斑牙、氟骨病等。介于急性中毒和慢性中毒之间的危害称为亚急性中毒。

污染物在人体内的过程包括毒物的侵入和吸收、分布和积蓄、生物转化及排泄。其对人体的危害性质和危害程度主要取决于污染物的剂量、作用时间、多种因素的联合作用、个体的敏感性等因素。主要应从以下几方面探讨污染物与疾病症状之间的相互关系：污染物对人体有无致癌作用；对人体有无致畸变作用；有无缩短寿命的作用；有无降低人体各种生理功能的作用。

进度检查

一、选择题

1. 人类的生存最离不开的是（　　　）。

A. 大气　　　　　　B. 水　　　　　　C. 自然环境　　　　D. 社会环境

2. 人与环境之间的关系是（　　　）。

A. 辩证统一　　　B. 完全一致　　　C. 相互矛盾　　　D. 互不相关

二、判断题

1. 自然环境是人类生存、繁衍的物质基础。　　　　　　　　　　　　　　（　　　）

2. 保护和改善社会环境，是人类维护自身生存和发展的前提。　　　　　（　　　）

3. 程度很小的环境污染对人类不会造成危害。　　　　　　　　　　　　（　　　）

4. 人类和环境的关系是辩证统一的。　　　　　　　　　　　　　　　　（　　　）

三、简答题

1. 简述人类和环境的关系。

2. 环境污染对人体有什么危害？

学习单元 8-2　环境污染与生态平衡

学习目标：完成本单元的学习之后，能够了解生态系统的组成，知道环境污染对生态平衡的影响。

职业领域：化工、石油、环保、医药、冶金、建材等

工作范围：分析

生态文明建设是实现中华民族伟大复兴中国梦的重要内容，习近平总书记在谈环境保护问题时指出："我们既要绿水青山，也要金山银山。宁要绿水青山，不要金山银山，而且绿水青山就是金山银山。"因而，我们要为建设生态文明做出自己的贡献，处理好经济发展与生态平衡之间的关系。

一、生态系统的构成

1. 生态系统的概念

生态系统是英国生态学家 Tansley 于 1935 年首先提出来的，指在一定的空间内生物成分和非生物成分通过物质循环和能量流动相互作用、相互依存而构成的一个生态学功能单位。它把生物及非生物环境看成是互相影响、彼此依存的统一整体。生态系统不论是自然的还是人工的，都具下列共同特性。

① 生态系统是生态学上的一个主要结构和功能单位，属于生态学研究的最高层次。

② 生态系统内部具有自我调节能力。其结构越复杂、物种数越多，自我调节能力越强。

③ 能量流动、物质循环是生态系统的两大功能。

④ 生态系统是一个动态系统，要经历一个从简单到复杂、从不成熟到成熟的发育过程。

生态系统概念的提出为生态学的研究和发展奠定了新的基础，极大地推动了生态学的发展。生态系统生态学是当代生态学研究的前沿。

2. 生态系统的组成成分

生态系统有四个主要的组成成分，即非生物环境、生产者、消费者和分解者。

（1）非生物环境　包括：气候因子，如光、温度、湿度、风、雨雪等；无机物质，如 C、H、O、N、CO_2 及各种无机盐等；有机物质，如蛋白质、碳水化合物、脂类和腐殖质等。

（2）生产者　主要指绿色植物，也包括蓝绿藻和一些光合细菌，是能利用简单的无机物质制造食物的自养生物。

（3）消费者　异养生物，主要指以其他生物为食的各种动物，包括植食动物、肉食动物、杂食动物和寄生动物等。

（4）分解者　异养生物，主要是细菌和真菌，也包括某些原生动物和蚯蚓、白蚁、秃鹫

等大型腐食性动物。它们分解动植物的残体、粪便和各种复杂的有机化合物，吸收某些分解产物，最终能将有机物分解为简单的无机物，而这些无机物参与物质循环后可被自养生物重新利用。

3. 生态系统的结构

生态系统的结构可以从两个方面理解。其一是形态结构，如生物种类，种群数量，种群的空间格局，多种群的时间变化，以及群落的垂直和水平结构等。形态结构与植物群落的结构特征相一致，外加土壤、大气中非生物成分以及消费者、分解者的形态结构。其二为营养结构，营养结构是以营养为纽带，把生物和非生物紧密结合起来的功能单位，构成以生产者、消费者和分解者为中心的三大功能类群，它们与环境之间发生密切的物质循环和能量流动。

二、生态系统的平衡

生态系统也像人一样，有一个从幼年期、成长期到成熟期的过程。生态系统发展到成熟阶段时，它的结构、功能，包括生物种类的组成、生物数量比例以及能量流动、物质循环，都处于相对稳定状态，这就叫做生态平衡。比如，水塘里的鱼靠浮游动植物生活，鱼死后，水里的微生物把鱼的尸体分解为化合物，这些化合物又成为浮游动植物的食物，浮游动物靠浮游植物为生，鱼又吃浮游动物。这样，在水塘里，微生物-浮游动植物-鱼之间建立了一定的生态平衡。

在一般情况下，成熟的生态系统内部物种越丰富，食物网就越复杂，物质循环和能量流动可以多渠道进行。如果某一环节受阻，其他环节可以起补偿作用。比如隼以兔、田鼠、麻雀、蛇为食，当兔、蛇数量减少时，隼就转到吃麻雀、田鼠为主。当然，这种自我调节能力有一定限度，超过限度，平衡就会遭到破坏，甚至导致生态危机。欧洲移民刚到澳大利亚时，发现那里青草茵茵，于是大力发展养牛。后来牛粪成灾，造成牧草退化，蝇类滋生，只得引进以粪便为食物的蜣螂，才使牧场恢复原貌。

平衡的生态系统通常具有四个特征：生物种类组成和数量相对稳定；能量和物质的输入和输出保持平衡；食物链结构复杂而形成食物网；生产者、消费者和还原者之间有完好的营养关系。

只有满足上述特征，才说明生态系统达到平衡，对外部冲击和危害有一定承受能力和恢复能力。

三、破坏生态平衡的因素

破坏生态平衡的因素有自然的，也有人为的。自然因素指火山爆发、水旱灾害、地震、台风、流行病等自然灾害；人为因素主要指对资源的不合理开发利用造成的生态破坏，以及环境污染等问题。人为引起的生态平衡破坏主要有三种情况。

① 物种的改变　人为地使生态系统中某一种生物消失或引进某一物种，都可能对整个生态系统造成影响。

②环境因素的改变　大量污染物质进入环境，改变了生态系统的环境。

③ 信息系统的破坏　许多生物都能释放出某种信息素以驱赶天敌、排斥异种、繁衍后代等，假如信息系统受到干扰和破坏，就会改变种群的结构，使生态平衡遭到破坏。

四、维护生态平衡的措施

1. 保护森林，防止洪旱灾害

森林是大自然的保护神，它的一个重要功能是涵养水源、保持水土。在下雨时，森林可以通过林冠和地面的残枝落叶等物截住雨滴，减轻雨滴对地面的冲击，增加雨水渗入土地的速度和土壤涵养水分的能力，减小降雨形成的地表径流；林木盘根错节的根系又能保护土壤，减少雨水对土壤的冲刷。如果土壤没有了森林的保护，涵养水分的能力便会降低，大雨一来，浊流滚滚，造成土壤流失。这些泥沙流入江河，进而淤塞水库，可使其失去蓄水能力。森林涵养水源，降雨量的 70% 要渗流到地下，如果没有森林，就会出现有雨洪水泛滥、无雨干旱成灾的状况。

森林是大自然的清洁工。在保护环境方面，森林的生态效益大大高于直接经济效益。芬兰一年生产价值 17 亿马克的木材，而森林的生态效益提供的价值达 53 亿马克。美国森林直接提供的价值和生态效益的价值之比是 $1:9$。

森林是制造氧气的"工厂"。据测定，一亩森林一般每天产生氧气 48.7kg，能满足 65 个人一天的需要。森林能够吸收有害物质。$1hm^2$（$1hm=100m$）的柳杉林，每个月可吸收二氧化硫 60kg；女贞、丁香、梧桐、垂柳、桧柏、洋槐等对减轻氟化氢有很好的作用。

因此，我们一方面要植树造林，不断扩大森林植被面积，另一方面要保护好现有的森林资源，让森林成为大地的绿色屏障，在实现自然生态的良性循环中发挥重要作用。

2. 合理开发利用自然资源

合理开发利用自然资源，是环境保护的重要措施之一。

自然资源可分为三大类：一是生态资源（恒定资源），如光、热、水、风力、潮汐等；二是生物资源（可再生资源或可更新资源），如动物、植物、微生物、土壤等；三是矿产资源（不可再生资源或不可更新资源），如天然气、煤炭、石油等。

自然资源是人类生产和生活资料的基本来源，是社会文明发展的前提和基础。如果资源退化了，枯竭了，就要阻碍生产的发展。

我国自然资源虽然总量较多，但人均占有量少。如矿产资源潜在价值居世界第三位，可是每人的占有量却低于很多国家。又如水资源，每人平均仅 $2700m^3$，大大低于世界每人平均 $11000m^3$ 的占有量。再如占有林地，人均只有 $1133.3m^2$，而世界人均占有林地面积是 $10333.3m^2$。

开发利用自然资源，势必要影响和改变环境，同时，我国保护生态环境的能力较低，又影响了自然资源的开发利用。例如，人类对土地资源的开发利用，如果不符合当地的生态环境特点，生态平衡就会遭到破坏，出现严重的自然灾害。

对资源的合理开发利用，就是对环境的最好保护。对此，人们必须树立正确的观点，认识到自然资源的有限性。就某一种资源来说，在一定条件和一定时期内，并不是取之不尽、用之不竭的。有人估计，如果世界各国都仿照美国消耗矿物，那么，世界的锌半年耗尽，石油 7 年耗尽，天然气 5 年耗尽，铜矿 9 年耗尽，铅矿 4 年耗尽。珍惜各种自然资源，是全人类的责任。

3. 保护野生动物

野生动物是一种珍贵的自然资源，是人类的宝贵财富。野生动物为我们提供了大量的食

物、医药以及皮革一类的工业原料。渔业发展离不开水生动物，它们是我们生活中动物蛋白质的重要来源。如果没有益鸟、益虫的保护，农业生产也难以正常进行。

为人类提供肉食和奶类的家禽家畜只有几十种，而地球上的动物种类至少有 100 万种，为我们提供了能充分开发利用的资源。野生癞蛤蟆由于肉味异常鲜美，已经成了智利人民的佳肴；中美洲和南美洲出产的水豚，可以养到猪一般大，成了委内瑞拉人民食用牛的代用品。

野生动物是拥有一个庞大无比的天然"基因库"，它可以为我们培育新品种提供多种多样的自然种源。许多野生动物还是仿生学的起点，如响尾蛇导弹，是受响尾蛇用热定位器捕捉猎物的启发，制成的一种红外制导导弹。

生物的多样性是生态平衡的保障，当生物种类减少时，我们的生态也变得越来越脆弱。

进度检查

一、填空题

1. 生态系统的生产者是指_____。
2. _____、_____是生态系统的两大功能。
3. 生态系统有四个主要的组成成分，即_____、生产者、_____和分解者。

二、判断题

1. 生态系统只有物质循环而无能量循环。 （ ）
2. 生态系统是一个动态系统，要经历一个从简单到复杂的发育过程。 （ ）

三、简答题

1. 简述生态系统的构成。
2. 影响生态平衡的因素有哪些？
3. 简述环境污染对生态平衡的影响。

学习单元 8-3　实验室污染来源

学习目标： 完成本单元的学习之后，能够知道实验室污染的种类及相应的治理措施。
职业领域： 化工、石油、环保、医药、冶金、建材等
工作范围： 分析

随着我国科学技术的发展，实验室越来越多。从实验室的分布来看，实验室主要集中在学校（包括各高等院校和中等学校）、科研机构、检测机构和企业中的检验研究部门。企业实验室的污染问题可归入企业的环保问题，易于被各级部门重视，企业在处理自身的环保问题时，实验室污染问题也得到相应的处理。而其他各类实验多为相对独立的行政单位，区域分散，污染少，其污染问题易于被忽视。

实验室实际上是一类典型的小型污染源，建设越多，污染越严重。这些实验室，尤其是在城区和居民区的实验室对环境的危害特别大，因为很多实验室的下水道与居民的下水道相通，污染物通过下水道形成交叉污染，最后流入河中或者渗入地下，其危害不可估量。科学工作者或者未来的科学工作者成了环境的污染者，令人十分遗憾。

一、实验室环境污染种类及危害

1. 按污染性质分

（1）化学污染　化学污染包括有机物污染和无机物污染。有机物污染主要是有机试剂污染和有机样品污染。在大多数情况下，实验室中的有机试剂并不直接参与发生反应，仅仅起溶剂作用，因此消耗的有机试剂以各种形式排放到周边的环境中，排放总量大致就相当于试剂的消耗量。日复一日，年复一年，排放量十分可观。有机样品污染包括一些剧毒的有机样品，如农药、苯并 [α] 芘、黄曲霉毒素、亚硝胺等。无机物污染有强酸、强碱的污染，重金属污染，氧化物污染等。其中汞、砷、铅、镉、铬等重金属的毒性不仅强，且在人体中有蓄积性。

（2）生物性污染　生物性污染包括生物废弃物污染和生物细菌毒素污染。生物废弃物有检验实验室的标本，如血液、尿、粪便、痰液和呕吐物等；检验用品，如实验器材、细菌培养基和细菌阳性标本等。开展生物性实验的实验室会产生大量高浓度含有害微生物的培养液、培养基，如未经适当的灭菌处理而直接外排，会造成严重后果。生物实验室的通风设备设计不完善或实验过程个人安全保护漏洞，会使生物细菌毒素扩散传播，带来污染，甚至带来严重不良后果。

（3）放射性污染物　放射性物质废弃物有放射性标记物、放射性标准溶液等。

2. 按污染物形态分

（1）废水　实验室产生的废水包括多余的样品、分析残液、失效的储藏液和洗液、大量

洗涤水等。几乎所有的常规分析项目都不同程度地存在着废水污染问题。这些废水中成分包罗万象，包括最常见的有机物、重金属离子和有害微生物等及相对少见的氧化物、细菌毒素、各种农药残留、药物残留等。

（2）废气　实验室产生的废气包括试剂和样品的挥发物、分析过程中间产物、泄漏和排空的标准气和载气等。通常实验室中直接产生有毒、有害气体的实验都要求在通风橱内进行，这固然是保证室内空气质量、保护分析人员健康的有效办法，但也直接污染了环境空气。实验室废气包括酸雾、甲醛、苯系物、各种有机溶剂等常见污染物和汞蒸气、光气等较少遇到的污染物。

（3）固体废物　实验室产生的固体废物包括多余样品、分析产物、消耗或破损的实验用品（如玻璃器皿、纱布）、残留或失效的化学试剂等。这些固体废物成分复杂，涵盖各类化学、生物污染物，及过期失效的化学试剂。处理稍有不慎，很容易导致严重的污染事故。

二、解决实验室污染的措施

1. 提高认识，制定技术规范

各级实验室都需要进一步提高对实验室环境污染问题的认识，不能回避，听之任之，而是应该根据本实验室工作的特点、重点，积极探索，想方设法减少实验室污染。国家有关部门也应认真研究实验室的污染特点和防治途径，提出操作性强、简便实用的技术规范，并出台相应的考核要求及办法。最好是融入实验室的建设和验收中去，使之成为能力建设的一部分。

2. 建立实验室环境管理体系

实验室在能力建设、质量管理的同时，还要建立完备的实验室环境管理体系。按照 ISO 14001 环境管理体系的理念和要求，全面考察实验分析的各个方面，制定相应的文件，规范实验室环境行为，充分贯彻 ISO 14001 一贯强调的污染预防和持续改进的基本要求，力争减小每一个过程的环境影响，不断提升实验室管理水平。

3. 全面推行绿色化学、清洁实验

（1）选择污染少的分析方法　在保证实验效果的前提下，尽量用无毒、低毒试剂替代高毒试剂。在一些特定实验要用到高毒性药品时，一定要用封闭的收集桶收集废液。

（2）成立试剂调度网络　过期、失效的化学试剂的处理是世界性的难题。各实验室可以合作成立区域性的试剂调度网，选择一部分危害大、用量少、易失效的试剂进入网络，实行实验室间资源共享，尽量避免大批化学试剂失效，也可节约实验成本。

（3）加强地区中心实验室的功能　现行的管理体制使各级行政部门都拥有各自小而全的实验室，既浪费了大量资源，又不利于环境保护。应发挥地区中心实验室的作用，集中部分项目，对社会开放。从而达到共享，相对降低实验室污染物的排放，有利于对污染相对大的实验室集中治理。

（4）一些行之有效的清洁实验行为的实例　在满足实验要求的情况下，适当降低采样量；不要购买暂时用不上的试剂；尽量利用可回收的试剂；应使用可降解的无磷洗涤剂；使用酒精温度计从而避免水银温度计可能带来的汞污染。

三、国内外实验室污染治理的现状

在国外，有专门的实验室废弃物处理站来集中收集处理实验室污染物。实验室废弃物集中处理站的管理规范、严格，安全环境保护意识极强。废弃物由各实验室分类上交后，处理站要对废弃物称重后将信息存进计算机，再分类集中。

实验室废弃物集中处理站设计周密，设施完备先进，安全可靠。为防止集中后发生地下渗漏二次污染，处理站地下全部用水泥整体浇注。危险化学品、放射源存放在专门房间，有安全监控、排风系统。

实验室废弃物集中处理站的费用由政府每年的经费预算中列支。另一方面，可回收废品被收购后所得资金则用于废弃物集中处理站的进一步发展。

目前我国对实验室的污染排放并没有专门的规定，一般参照企业的污染排放标准。实验室在建设或认可验收时会对实验室的废弃物排放提出要求。如气体实验在通风处做，废弃物由专门的环保公司回收等。由于实验室污染种类多，情况复杂，多数项目产生的污染量较小，缺乏相应资金，污染物处理存在着相当难度，给污染治理带来一定困难。目前除少数环保意识强的实验室，没有直接排放废弃物外，多数实验室仅仅把环保放在口头上，废弃物回收协议签在纸上，大量的废弃物仍然直接排放。

由于实验室大多数项目只是零星开展，各项目之间的工作频次不均匀，废弃物排放物无规律，污染分散，这些也给环保部门监控带来困难。

进度检查

一、填空题

1. 实验室环境污染种类按性质可以分为＿＿＿＿＿＿、＿＿＿＿＿＿、＿＿＿＿＿＿。
2. 实验室生物性污染包括＿＿＿＿＿污染和＿＿＿＿＿污染。

二、简答题

1. 实验室污染物有哪些？
2. 如何减少实验室污染？

学习单元 8-4　实验室空气净化

学习目标：完成本单元的学习之后，能够了解实验室进行空气净化的措施。
职业领域：化工、石油、环保、医药、冶金、建材等
工作范围：分析

实验室在检验、鉴定、测试的过程中，由于实验的需要会产生各种废气，可能包括芳香族类：苯、甲苯、二甲苯、苯乙烯等；酮类：丙酮、环己酮、甲乙酮等；酯类：乙酸乙酯、乙酸丁酯、异酸甲酯、香蕉水等；醇类：甲醇、乙醇、丁醇、异丙醇等有机废气。也可能包括氮氧化物、硫酸雾、氯化氢、氟化氢、硫化氢、二氧化硫等无机废气，同时也有高温的燃烧废气、粉尘等。在实验过程中产生的废气往往成分具有复杂性、多样性，对人体健康的损害程度也各不相同，因此实验室须配备、安装相应的空气净化设备和通风设施。

一、通风

1. 局部通风

局部通风是为了改善室内局部空间的空气环境，向该空间送入或从该空间排出空气的通风方式，分为局部送风和局部排风两类。

（1）局部送风　局部送风是以一定速度将空气直接送到指定地点的通风方式。局部送风系统常在工业厂房中集中产生强烈辐射热或有毒气体的地方设置。

（2）局部排风　局部排风是在散发有害物质的局部地点设置排风罩，捕集有害物质并将其排至室外的通风方式。局部排风系统通常由集气罩、通风管道、净化设备、通风机和烟囱组成。

2. 全面通风

全面通风是用自然或机械方法对整个房间进行换气的通风方式。在室内污染源多而又很分散、污染面积较大、污染物不易收集的情况下，就要对室内进行全面通风。这种方法的缺点是不能有效地除去污染物，只是利用稀释的办法使室内污染物的浓度降低，对空气环境造成污染，因此，一般不宜提倡。但在污染物浓度比较低的情况下，可以适当地采用。全面通风有自然通风、机械通风和联合通风等通风方式。

二、集气罩

集气罩是一种很有效的捕集有害气体的装置，又称局部排气罩。集气罩是气态污染物净化系统中用来捕集发散性污染物的关键部件，可以安装在污染源的上方、下方或侧面。设计良好的集气罩能在不影响生产工艺和生产操作的前提下，用较小的排风量获得最佳的效果。

集气罩的性能对整个系统的经济指标有很大的影响。

三、通风管道和通风机

通风管道是将排气罩、气体净化设备和通风机等装置连接在一起的设备。通风管道的布置、管径的确定、管件的选用和系统压力损失的计算是管道系统设计的主要内容。

通风机是空气净化系统中用于输送气体的动力机械。通风机的种类很多，在实际工作中要根据具体情况加以选择。

进度检查

一、填空题

局部通风是为了改善室内局部空间的空气环境，向该空间送入或从该空间排出空气的通风方式，分为_____和_____两类。

二、简答题

实验室空气净化的方法有哪些？

学习单元 8-5　实验室废弃物的处理

学习目标：完成本单元的学习之后，能够熟悉各类实验室废弃物的处理方法。
职业领域：化工、石油、环保、医药、冶金、建材等
工作范围：分析

为防止实验室的污染扩散，污染物的一般处理原则为：分类收集、存放，分别集中处理。尽可能采用废物回收以及固化、焚烧处理，在实际工作中选择合适的方法进行检测，尽可能减少废物量、减少污染。废弃物排放应符合国家有关环境排放标准。

一、化学类废物

一般的有毒气体可通过通风橱或通风管道，经空气稀释排出。大量的有毒气体必须通过与氧气充分燃烧或吸收处理后才能排放。

废液应根据其化学特性选择合适的容器和存放地点，通过密闭容器存放，不可混合储存。容器标签必须标明废物种类、储存时间，定期处理。一般废液可通过酸碱中和、混凝沉淀、次氯酸钠氧化处理后排放，有机溶剂废液应根据性质进行回收。

（1）含汞废液的处理　排放标准为废液中汞的最高容许排放浓度为 0.05mg/L（以 Hg 计）。

处理方法：

① 硫化物共沉淀法　先将含汞盐的废液的 pH 调至 8～10，然后加入过量的 Na_2S，使其生成 HgS 沉淀。再加入 $FeSO_4$（共沉淀剂），与过量的 S^{2-} 生成 FeS 沉淀，将悬浮在水中难以沉淀的 HgS 微粒吸附共沉淀。然后静置、分离，再经离心过滤，滤液的含汞量应降至 0.05mg/L 以下。

② 还原法　用铜屑、铁屑、锌粒、硼氢化钠等作还原剂，可以直接回收金属汞。

（2）含镉废液的处理

① 氢氧化物沉淀法　在含镉的废液中投加石灰，调节 pH 至 10.5 以上，充分搅拌后放置，使镉离子变为难溶的 $Cd(OH)_2$ 沉淀。分离沉淀，用双硫腙分光光度法检测滤液中的镉离子（降至 0.1mg/L 以下），将滤液中和至 pH 约为 7，然后排放。

② 离子交换法　利用 Cd^{2+} 比水中其他离子与阳离子交换树脂有更强的结合力，优先交换，降低镉离子浓度。

（3）含铅废液的处理　在废液中加入消石灰，调节 pH 大于 11，使废液中的铅生成 $Pb(OH)_2$ 沉淀。然后加入 $Al_2(SO_4)_3$（凝聚剂），将 pH 降至 7～8，则 $Pb(OH)_2$ 与 $Al(OH)_3$ 共沉淀，分离沉淀。达标后，排放废液。

（4）含砷废液的处理　在含砷废液中加入 $FeCl_3$，使 Fe/As 摩尔比达到 50，然后用消

石灰将废液的 pH 控制在 8～10。利用新生氢氧化物和砷的化合物共沉淀的吸附作用，除去废液中的砷。放置一夜，分离沉淀，达标后，排放废液。

（5）含酚废液的处理　低浓度的含酚废液可加入次氯酸钠或漂白粉煮一下，使酚分解为二氧化碳和水。如果是高浓度的含酚废液，可通过醋酸丁酯萃取，再加少量的氢氧化钠溶液反萃取，经调节 pH 值后进行蒸馏回收。处理后的废液排放。

（6）综合废液处理　用酸、碱调节废液 pH 为 3～4，加入铁粉，搅拌 30min，然后用碱调节 pH 为 9 左右，继续搅拌 10min，加入硫酸铝或碱式氯化铝混凝剂进行混凝沉淀，上清液可直接排放，沉淀按废渣方式处理。

二、生物类废物

生物类废物应根据其病原特性、物理特性选择合适的容器和地点，专人分类收集进行消毒、烧毁处理，日产日清。

液体废物一般可加漂白粉进行氯化消毒处理。固体可燃性废物分类收集、处理，及时焚烧。固体非可燃性废物分类收集，可加漂白粉进行氯化消毒处理。满足消毒条件后作最终处置。

① 一次性使用的制品如手套、帽子、工作服、口罩等使用后放入污物袋内集中烧毁。

② 可重复利用的玻璃器材如玻璃片、吸管、玻璃瓶等可以 1000～3000mg/L 有效氯溶液浸泡 2～6h，然后清洗重新使用。

③ 盛标本的玻璃、塑料、搪瓷容器可煮沸 15min，或者用 1000mg/L 有效氯漂白粉澄清液浸泡 2～6h，消毒后用洗涤剂及流水刷洗、沥干。用于微生物培养的，用压力蒸汽灭菌后使用。

④ 微生物检验接种培养过的琼脂平板应压力灭菌 30min，趁热将琼脂倒弃处理。

⑤ 尿、唾液、血液等生物样品，加漂白粉搅拌后作用 2～4h，倒入化粪池或厕所，或者进行焚烧处理。

三、放射性废物

一般实验室的放射性废物为中低水平放射性废物，应将实验过程中产生的放射性废物收集在专门的污物桶内，桶的外部标明醒目的标志，根据放射性同位素的半衰期长短，分别采用储存一定时间使其衰变、化学沉淀浓缩或焚烧后掩埋处理的处理方法。

① 放射性同位素的半衰期短（如碘 131、磷 32 等）的废弃物，用专门的容器密闭后，放置于专门的储存室，放置十个半衰期后排放或者焚烧处理。

② 放射性同位素的半衰期较长（如铁 59、钴 60 等）的废弃物，液体可用蒸发、离子交换、混凝剂共沉淀等方法浓缩，装入容器集中埋于放射性废物坑内。

✐ **进度检查**

一、选择题

1. 下列不属于化学污染的是（　　　）。

A. 细菌   B. 酸类   C. 射线   D. 农药

2. 下列不能用于还原汞的物质是（　　）。

A. 金   B. 铜   C. 铁   D. 锌

二、判断题

1. 为了减少实验室污染，可以不做化学实验。　　　　　　　　（　　）

2. 放射性废物无法处理。　　　　　　　　　　　　　　　　　（　　）

3. 生物类废物可通过灭菌的方法处理。　　　　　　　　　　　（　　）

三、简答题

如何处理实验室的废弃物？

世界环境日

1972年10月，第27届联合国大会通过了联合国人类环境会议的建议，规定每年的6月5日为"世界环境日"。联合国系统和各国政府要在每年的这一天开展各种活动，提醒全世界注意全球环境状况和人类活动对环境的危害，强调保护和改善人类环境的重要性。

许多国家、团体和人民群众在"世界环境日"这一天开展各种活动来宣传强调保护和改善人类环境的重要性，同时联合国环境规划署发表世界环境状况年度报告书。

世界环境日，象征着世界环境向更美好的阶段发展，标志着世界各国政府积极为保护人类生存环境做出的贡献。它正确地反映了世界各国人民对环境问题的认识和态度。1973年1月，联合国大会根据人类环境会议的决议，成立了联合国环境规划署（CUNEP），设立环境规划理事会（CGCEP）和环境基金。环境规划署是常设机构，负责处理联合国在环境方面的日常事务，并作为国际环境活动中心，促进和协调联合国内外的环境保护工作。

近年世界环境日主题如下。

2000年：环境千年，行动起来（2000 The Environment Millennium-Time to Act）

2001年：世间万物，生命之网（Connect with the World Wide Web of life）

2002年：让地球充满生机（Give Earth a Chance）

2003年：水——二十亿人生于它！二十亿人生命之所系！（Water-Two Billion People are Dying for It!）

2004年：海洋存亡，匹夫有责（Wanted! Seas and Oceans—Dead or Alive?）

2005年：营造绿色城市，呵护地球家园！（Green Cities—Plan for the Planet）

中国主题：人人参与，创建绿色家园

2006年：莫使旱地变为沙漠（Deserts and Desertification—Don't Desert Drylands!）

中国主题：生态安全与环境友好型社会

2007年：冰川消融，后果堪忧（Melting Ice—a Hot Topic?）

中国主题：污染减排与环境友好型社会

2008年：促进低碳经济（Kick the Habit! Towards a Low Carbon Economy）

中国主题：绿色奥运与环境友好型社会

2009年：地球需要你：团结起来应对气候变化（Your Planet Needs You—Unite to Combat Climate Change）

中国主题：减少污染——行动起来

2010年：多样的物种，唯一的地球，共同的未来（Many Species. One Planet. One Future）

中国主题：低碳减排·绿色生活

2011年：森林：大自然为您效劳（Forests：Nature at Your Service）

中国主题：共建生态文明，共享绿色未来

2012年：绿色经济：你参与了吗？（Green Economy：Does it Include you?）

中国主题：绿色消费，你行动了吗？

2013 年：思前，食后，厉行节约（think Eat Save）

中国主题：同呼吸，共奋斗

2014 年：提高你的呼声，而不是海平面（Raise Your Voice，Not the Sea Level）

中国主题：向污染宣战

2015 年：七十亿个梦，一个地球，关爱型消费（Seven Billion Dreams. One Planet. Consume with Care）

中国主题：践行绿色生活

2016 年：对野生动物交易零容忍（Zero Tolerance for the Illegal Trade in Wildlife）

中国主题：改善环境质量，推动绿色发展

2017 年：人与自然，相联相生（Connecting People to Nature）

中国主题：绿水青山就是金山银山

2018 年：塑战速决（Beat Plastic Pollution）

中国主题：美丽中国，我是行动者

2019 年：蓝天保卫战，我是行动者（Beat Air Pollution）

（中国是 2019 年世界环境日主办国，全球主场活动在我国浙江省杭州市举办。）

2020 年：关爱自然，刻不容缓（Time for Nature）

中国主题：美丽中国，我是行动者

2021 年：生态系统恢复（Ecosystem Restoration）

中国主题：人与自然和谐共生

2022 年：只有一个地球（Only One Earth）

中国主题：共建清洁美丽世界

模块9 环境保护措施与可持续发展

编号 FCJ-24-01

学习单元 9-1 环境管理与立法

学习目标： 完成本单元的学习之后，能够了解环境立法与管理的相关知识，知道环境标准的含义。

职业领域： 化工、石油、环保、医药、冶金、建材等

工作范围： 分析

环境管理是环境科学的一个重要分支，也是一个工作领域，是环境保护工作的重要组成部分。它是指各级人民政府的环境管理部门运用经济、法律、技术、行政、教育等手段，限制人类损害环境质量的行为，通过全面规划使经济发展与环境变化相协调，达到既要发展经济满足人类的基本需求，又不超出环境的允许极限，达到保护环境的目的，维护人类的持续发展。

一、中国环境管理的发展历程

中国环境管理工作是在 1972 年之后，特别是十一届三中全会和第二次全国环境保护工作会议之后才得到发展的，取得了很大成就。

（1）创建阶段 1972 年，中国环境代表团参加了在斯德哥尔摩召开的联合国"人类环境会议"。第一次提出了"全面规划、合理布局、综合利用、化害为利、依靠群众、大家动手、保护环境、造福人民"的 32 字环境保护工作方针。1979 年 3 月，在成都召开的环境保护工作会议上，提出了"加强全面环境管理，以管促治"。同年 9 月，公布了《中华人民共和国环境保护法（试行）》，使环境管理在理论和实践方面不断深入。1980 年 3 月，在太原市召开了中国环境管理、环境经济与环境法学学会成立大会，提出"要把环境管理放在环境保护工作的首位"。

（2）开拓阶段 1983 年底召开的第二次全国环境保护会议，制定了我国环境保护事业的大政方针：一是明确提出环境保护是我国的一项基本国策；二是确定了"经济建设、城乡建设、环境建设同步规划、同步实施、同步发展，实现经济效益、社会效益和环境效益相统一"的环保战略方针；三是把强化环境管理作为环境保护的中心环节。从此，中国的环境管理进入崭新的发展阶段，首先是环境政策体系初步形成；其次是环境保护法规体系初步形成；再是初步形成了我国的环境标准体系。在这一阶段，环境管理组织体系基本建成，管理机构的职能得到加强，并开始进行环境管理体系的改革。

（3）改革创新阶段 1989 年 4 月底、5 月初召开的第三次全国环境保护会议明确提出：

"努力开拓有中国特色的环境保护道路"。1992 年联合国召开的环境与发展大会，对人类必须转变发展战略、走可持续发展道路取得了共识。在新的形势下，我国环境管理发生了突出变化：

① 环境管理由末端管理过渡到全过程管理；

② 由以浓度控制为基础过渡到总量控制为基础的环境管理；

③ 环境管理走向法治化、制度化、程序化。

2016 年 1 月全国环境保护工作会议在北京召开。会议的主要任务是，贯彻落实党的十八大、十八届三中、四中、五中全会和中央经济工作会议精神，按照"五位一体"总体布局和"四个全面"战略布局，牢固树立和贯彻落实五大发展理念，总结"十二五"和 2015 年工作，分析把握"十三五"环境保护面临的新形势新任务，研究提出"十三五"环境保护总体思路。习近平总书记对生态文明建设和环境保护提出一系列新理念新思想新战略，涵盖重大理念、方针原则、目标任务、重点举措、制度保障等诸多领域和方面，其中"两山论"和绿色发展理念打破了简单把发展与保护对立起来的思维束缚，指明了实现发展和保护内在统一、相互促进和协调共生的方法论。

二、环境管理的内容

1. 从范围划分

从环境管理的范围划分，环境管理可分为资源管理、区域管理和部门管理。

① 资源管理　包括可更新资源的恢复和扩大再生产及不可更新资源的合理利用。资源管理措施主要是确定资源的承载力，资源开发时空条件的优化，建立资源管理的指标体系、规划目标、标准、体制、政策法规和机构等。

② 区域环境管理　主要协调区域的经济发展目标与环境目标，进行环境影响预测，制定区域环境规划，进行环境质量管理与技术管理，按阶段实现环境目标。

③ 部门环境管理　包括能源环境管理、工业环境管理、农业环境管理、交通运输环境管理、商业和医疗等部门环境管理以及企业环境管理。

2. 从性质划分

从环境管理的性质来划分，环境管理包括环境计划管理、环境质量管理、环境技术管理。

① 环境计划管理　通过计划协调发展与环境的关系，对环境保护加强计划指导。制定环境规划，使之成为整个经济发展规划的必要组成部分，用规划内容指导环境保护工作。

② 环境质量管理　包括对环境质量现状和未来环境质量进行管理。

③ 环境技术管理　以可持续发展为指导思想，制定技术发展方向、技术路线、技术政策，制定清洁生产工艺和污染防治技术，制定技术标准、技术规程等协调技术发展与环境保护的关系。

三、环境管理的基本职能

环境管理的对象是"人类-环境"系统，工作领域如前所述非常广阔，涉及各行各业和各个部门。通过预测和决策，组织和指挥，规划和协调，监督和控制，教育和鼓励，保证在推进经济建设的同时，控制污染，促进生态良性循环，不断改善环境质量。

1. 宏观指导

政府的主要职能就是加强宏观指导调控功能。环境管理部门宏观指导职能主要体现在政策指导、目标指导、计划指导等方面。

2. 统筹规划

这是环境管理中一项战略性的工作，通过统筹规划，实现人口、经济、资源和环境之间的关系相互协调平衡。环境规划既对国家的发展模式和方式、发展速度和发展重点产业结构等产生积极的影响，又是环保部门开展环境管理工作的纲领和依据。主要包括环境保护战略的制定、环境预测、环境保护综合规划和专项规划的内容。

3. 组织协调

环保部门的一条重要职能就是参与或组织各地区、各行业、各部门共同行动，协调相互关系。其目的在于减少相互脱节和相互矛盾，避免重复，建立一种上下左右的正常关系，以便沟通联系，分工合作，统一步调，积极做好各自的环保工作，带动整个环保事业的发展。其内容包括环境保护法规的组织协调、政策方面的协调、规划方面的协调和环境科研方面的协调。

4. 监督检查

环保部门实施有效的监督，把环境保护的方针、政策、规划等变为实际行动，才是一种健全的、强有力的环境管理。在方式上有联合监督检查、专项监督检查、日常的现场监督检查、环境监测等。通过这些方式才能对环保法律法规的执行、环保规划的落实、环境标准的实施、环境管理制度的执行等情况检查、落实。

5. 提供服务

环境管理服务职能是为经济建设、为实现环境目标创造条件，提供服务。在服务中强化监督，在监督中搞好服务。服务内容包括技术服务、信息咨询服务、市场服务。

四、环境保护法

国家为了协调人类与环境的关系，保护和改善环境，以保护人民健康和保障经济社会的持续、稳定发展而制定的环境保护法，是调整人们在开发利用、保护改善环境的活动中所产生的各种社会关系的法律规范的总和。

《中华人民共和国环境保护法》第一条规定："为保护和改善生活环境与生态环境，防治污染和其他公害，保障人体健康，促进社会主义现代化建设的发展，制定本法"。这说明了环境保护法的目的任务。其直接目的是协调人类与环境之间的关系，保护和改善生活环境和生态环境，防治污染和公害；最终目的是保护人民健康和保障经济社会持续发展。

1. 环境保护法的作用

（1）环境保护法是保证环境保护工作顺利进行的法律武器　进行社会主义现代化建设，必须同时搞好环境建设，这是一条不以人们意志为转移的客观规律。但不是所有的人都认同和承认这个道理，因此需要在采取科学技术、行政、经济等措施的同时以强有力的法律手段，把环境保护纳入法制的轨道。我国1989年正式颁布了《中华人民共和国环境保护法》，使人们在环境保护工作中有法可依，有章可循。

（2）环境保护法是推动环境保护领域中法治建设的动力　环境保护法是中国环境保护的基本法，它明确了我国环境保护的战略、方针、政策、基本原则、制度、工作范围和机构设置、法律责任等问题。这些都是环保工作中根本性问题，为制定各种环境保护单行法规及地方环境保护条例等提供了直接法律依据。如我国先后制定并颁布了《中华人民共和国大气污染防治法》《中华人民共和国水污染防治法》《中华人民共和国固体废物污染环境防治法》《中华人民共和国噪声污染防治法》《中华人民共和国海洋环境保护法》《建设项目环境保护管理条例》《危险化学品安全管理条例》等法律、行政法规等文件，各省、自治区、直辖市也根据环境保护法制定了许多地方性的环境保护条例、规定、办法等。由此可见，环境保护法的颁布执行，极大地推动了我国环境保护领域中的法治建设。

（3）环境保护法增强了广大干部群众的法治观念　环境保护法的实施，从法律高度向全国人民提出了要求，所有企事业单位、人民团体、公民都要加强法治观念，大力宣传、严格执行环境保护法。做到发展经济、保护环境，统筹兼顾、协调前进，有法必依、执法必严，保护环境、人人有责。

（4）环境保护法是维护我国环境权益的重要工具　宏观来讲，环境是没有国界之分的。某国的污染可能会造成他国的环境污染和破坏，这就涉及国家之间的环境权益的维护和环境保护的协调问题。我国所颁布的一系列环境保护法律、法规，可以保护我国的环境权益。

2. 环境保护法的特点

鉴于环境保护法的任务和内容与其他法律有所不同，环境保护法有其自己的特点。

① 科学性　环境保护法将自然界的客观规律特别是生态学的一些基本规律及环境要素的演变作为自己的立法基础，它包含了大量的反映这些客观规律的科学技术性规范。

② 综合性　由于环境保护包括非常多自然要素和社会要素，涉及全社会的各个领域以及社会生活的各个方面。因此环境保护法必然体现出综合性以及复杂性，是一个十分庞大而综合的体系。

③ 共同性　环境问题产生的原因，在任何国家都大同小异。解决环境问题的理论根据、途径和办法也有很多相似之处。各国环境保护法有共同的立法基础、共同的目的，因而有许多共同的规定。

五、环境标准

环境标准是国家为了保护人民的健康、促进生态良性循环，根据环境政策法规，在综合分析自然环境特点、生物和人体的耐受力、控制污染的经济能力和技术可行的基础上，对环境中污染物的允许含量及污染源排放污染物的数量、浓度、时间和速率所作的规定。它是环境保护工作技术规则和进行环境监督、环境监测、环境质量评价、设施和环境管理的重要依据。

1. 环境标准的种类

按适用范围可分为国家标准、地方标准和行业标准。按环境要素可分为大气控制标准、水质控制标准、噪声控制标准、固体废物控制标准和土壤控制标准。

按标准的用途可分为环境质量标准、污染物排放标准、污染物检测技术标准、污染物警报标准和基础方法标准等。

2. 我国环境标准体系

根据环境标准的适用范围、性质、内容和作用，我国实行三级五类标准体系。三级是国家标准、地方标准和行业标准；五类是环境质量标准、污染物排放标准、方法标准、样品标准和基础标准。

进度检查

一、判断题

1. 环境管理按范围可分为资源管理、企业管理和部门管理。 （   ）
2. 环境标准的种类按适用范围可分为国家标准、地方标准和行业标准。 （   ）

二、简答题

1. 什么是环境管理？
2. 环境管理的内容是什么？
3. 环境保护的作用是什么？
4. 我国环境标准体系包括哪些内容？

学习单元 9-2　环境监测

学习目标：完成本单元的学习之后，能够了解环境监测的任务和作用，掌握环境监测的
　　　　　分类和步骤。

职业领域：化工、石油、环保、医药、冶金、建材等

工作范围：分析

　　环境监测是为了特定目的，按照预先设计的时间和空间，用可以比较的环境信息和资料收集的方法，对一种或多种环境要素或指数进行间断或连续的观察、测定、分析其变化及判断对环境影响的过程。环境监测是环境保护、环境质量管理和评价的科学依据，也是环境科学的一个重要组成部分。

一、环境监测的意义和作用

　　环境质量的变化受多种因素的影响，例如企业在生产过程中，受工艺、设备、原材料和管理水平等因素的限制，产生"三废"以及其他污染物或因素，它们可引起环境质量下降。这些因素可用一定的数值来描述，如有害物质的浓度、排放量、噪声等级和放射性强度等。环境监测就是测定这些值，并与相应的环境标准相比较，以确定环境的质量或污染状况。

1. 对企业的意义

　　对于企业来说，为了防止和减少污染物对环境的危害，掌握环境质量的转化动态，强化内部环境管理，必须依靠环境监测，这是企业环境管理和污染防治工作的重要手段和基础。其主要作用体现在以下几个方面。

　　① 断定企业周围环境质量是否符合各类、各级环境质量标准，为企业环境管理提供科学依据。如掌握企业各种污染源中污染物浓度、排放量，断定其是否达到国家或地方排放标准，是否应缴纳排污费，是否达到上级下达的环境考核指标等，同时为考核、评审环保设施提供可靠数据。

　　② 为新建、改建、扩建工程项目执行环保设施"三同时"和污染治理工艺提供设计参数，参加治理设施的验收，评价治理设施的效率。

　　③ 为预测企业环境质量，判断企业所在地区污染物迁移、转化、扩散的规律，以及在时空上的分布情况提供数据。

　　④ 收集环境本底及其转化趋势的数据，积累长期监测资料，为合理利用自然资源即"三废"综合利用提出建议。

　　⑤ 对处理事故性污染和污染纠纷提供科学、有效的数据。

　　总之，环境监测在企业环境保护工作中发挥着调研、监察、评价、测试等多项作用，是环境保护工作中的一个不可缺少的组成部分。

2. 对政府或监管部门的意义

① 评价环境质量，预测环境质量变化趋势。

a. 提供环境质量现状数据，判断是否符合国家制定的环境质量标准。

b. 掌握环境污染物的时空分布特点，追踪污染途径，寻找污染源，预测污染的发展方向。

c. 评价污染治理的实际效果。

② 为制定环境法规、标准、环境规划、环境污染综合防治对策提供科学依据。

a. 积累大量的不同地区的污染数据，依据科学技术和经济水平，制定切实可行的环境保护法规和标准。

b. 根据监测数据，预测污染的发展趋势，为作出正确的决策、制定环境规划提供可靠的资料。

③ 收集环境本底值及其变化趋势数据，积累长期监测资料，为保护人类健康和合理使用自然资源以及确切掌握环境容量提供科学依据。

④ 揭示新的环境问题，确定新的污染因素，为环境科学研究提供方向。

二、环境监测的分类

按环境监测的目的和性质可分为监视性监测（常规监测或例行监测）、特定目的监测（特例监测或应急监测）、研究性监测。

（1）监视性监测　监视性监测又称常规监测或例行监测，是指监测环境中已知污染因素的现状和变化趋势，以确定环境质量，评价控制措施的效果，断定环境标准实施的情况或改善环境取得的进展。企业污染源控制排放监测和污染趋势监测即属于此类。

（2）特定目的监测　特定目的监测又称特例监测或应急监测，按目的不同分为以下几种。

① 污染事故监测　污染事故发生时，应及时进行现场追踪监测，确定污染程度、危害范围和大小、污染种类、扩散方向和速度，查找污染发生的原因，为控制污染提供科学依据。

② 纠纷仲裁监测　纠纷仲裁监测主要解决污染事故纠纷，对执行环境法规过程中产生的矛盾进行裁定。纠纷仲裁监测由国家指定的具有权威的监测部门进行，以提供具有法律效力的数据作为仲裁凭据。

③ 考核验证监测　考核验证监测主要是对环境管理制度和措施实施考核。包括人员考核、方法验证、新建项目的环境考核评价、污染治理后的验收监测等。

④ 咨询服务监测　咨询服务监测主要为环境管理、工程治理等部门提供服务，以满足社会各部门、科研机构和生产单位的需要。

（3）研究性监测　研究性监测又称科研监测，属于高层次、高水平、技术比较复杂的一种监测，是对某一特定环境为研究确定污染因素，从污染源到环境受体的迁移变化的趋势和规律，以及污染因素对人体、生物体和各种物质的危害程度，或为研究污染控制措施和技术等而进行的监测。这类监测周期长，监测范围广。

按监测对象不同可分为水质污染监测、大气污染监测、土壤污染监测、生物污染监测、固体废物污染监测及能量污染监测等。

按污染因素的性质不同可分为化学毒物监测、卫生（病原体、病毒、寄生虫等污染）监测、热污染监测、噪声和振动污染监测、光污染监测、电磁辐射污染监测、放射性污染监测和富营养化监测等。

三、环境监测的原则

由于影响环境质量的因素繁多，而人力、物力、财力、监测手段和时间都有限，因此实际工作时不可能面面俱到地监测，应根据需要进行选择监测，并要坚持以下几项原则。

1. 根据实际情况的原则

加强环境监测方法及仪器设备的研究，使监测方法和仪器设备更加现代化，使监测结果更加及时、准确、可靠，是促进环境科学发展的需要，也是环境监测人员的愿望。但是我国经济还未达到发达国家水平，各地区的经济发展不平衡，因此应根据不同的监测目的，结合实际情况，建立合理的环境监测指标体系，在满足环境监测要求的前提下，确定监测技术路线和技术装备，建立切实可靠的、经济实用的环境监测方案。

2. 最优的原则

环境问题的复杂性决定了环境监测的多样性。监测结果是环境监测中布点采样、样品的运输、保存、分析测试及数据处理等多个环节的综合体现，其准确可靠程度取决于其中最为薄弱的环节。所以应根据情况，全面规划，合理布局，采用不同的技术路线，综合把握优化布点，严格保存样品、分析测试等环节，实现最优环境监测。

3. 优先监测原则

在实际工作时，按情况对那些危害大、出现频繁的污染物实行优先监测的原则。具体优先监测的对象包括：对环境及人体影响大的污染物；已有可靠的监测方法并能获得准确数据的污染物；已有环境标准或其他依据去测量的污染物；在环境中的含量已接近或超过规定的标准浓度，且其污染趋势还在上升的污染物；环境中有代表性的污染物。

四、环境监测步骤

在环境监测工作中无论是污染源监测还是环境质量检测一般应经过下述程序：

① 现场调查与资料收集，主要调查收集区域内各种自然与社会环境特征，包括地理位置、地形地貌、气象气候、土壤利用情况及社会经济发展情况；

② 确定监测项目；

③ 监测点位置选择及布设；

④ 采集样品；

⑤ 环境样品的保存与分析测试；

⑥ 数据处理与结果上报。

五、有害物质的测定方法

由于污染因素性质的不同，所采用的分析方法也不同。分析方法可分为化学分析法（容量法和重量法）和仪器分析法（或称物理化学法）。由于环境样品试样数量大，成分复杂，污染物含量差别大。因此，要根据样品特点和待测组分的情况，考虑各种因素，有针对性地选择最适宜的测定方法，特别应注意以下几点。

① 为了使分析结果具有可比性，应尽可能采用国家现行环境检测的标准规定的分析方法。

② 根据样品待测物浓度的大小分别选择适宜的化学分析法或仪器分析法。含量大的污染物可选择容量法测定，含量低的污染物宜选择适宜的仪器分析法。

③ 在条件许可的情况下，对某些项目尽可能采用专属的单项成分测定法。

④ 在多组分的测定中，尽可能选用同时兼有分离和测定的分析方法。如水中阴离子 F^-、Cl^-、NO_3^-、SO_3^{2-} 等的测定，可选用离子色谱法；有机物的测定，可选择气相色谱法或高效液相色谱法等。

⑤ 在经常性的测定中，尽可能利用连续性自动测定仪。

进度检查

一、判断题

1. 环境监测是环境保护的科学依据，也是环境科学的一个重要组成部分。　　（　　）

2. 环境监测的目的主要是评价环境质量和评价污染治理效果。　　（　　）

二、简答题

1. 简述环境监测的意义和作用。

2. 环境监测的内容是什么？

3. 如何理解环境监测的类型？

学习单元 9-3　环境质量评价

学习目标：完成本单元的学习之后，能够了解环境质量评价的步骤和实施程序。
职业领域：化工、石油、环保、医药、冶金、建材等
工作范围：分析

近几十年来，世界各国都不同程度受到环境问题的严重挑战。当今人们越来越意识到，人类社会的经济发展，自然生态系统的维持，以及人类本身的健康状况都与环境质量状况密切相关。人们更加意识到人类的行为特别是人类社会经济发展行为，会对环境的状态和结构产生很大的影响，会引起环境质量的变化。这种环境质量与人类需要之间客观存在的特定关系就是环境质量的价值，它所探讨的是环境质量的社会意义。

环境质量评价是对环境质量与人类社会生存发展需要满足程度进行评定。环境监测是环境质量评价的前提，只有得到全面、系统、准确的环境监测数据，对数据进行科学的处理和总结，才能对环境质量进行评价。

一、环境质量评价的分类及工作步骤

1. 环境质量评价的类型

① 按环境要素分为大气质量评价、水环境质量评价、土壤环境质量评价、环境质量综合评价等。

② 按环境的性质分为化学环境质量评价、物理环境质量评价、生物环境质量评价等。

③ 按人类活动性质和类型划分为工业环境质量评价、农业环境质量评价、交通环境质量评价等。

④ 按时间域可分为环境质量回顾评价、环境质量现状评价、环境质量影响预测评价。

⑤ 按评价内容可分为健康影响评价、经济影响评价、生态影响评价、风险评价等。

⑥ 按空间域可分为单项工程环境质量评价、城市环境质量评价、区域（流域）环境质量评价等。

2. 环境质量评价的步骤

① 收集、整理、分析环境监测数据和调查材料。

② 根据评价目的确定环境质量评价的要素及参评参数的选定。

③ 选择评价方法或建立评价的数学模型确定环境质量系数或指数。

④ 利用选择或制定的评价方法或环境质量系数或指数，对环境质量进行等级或类型划分，绘制环境质量图，以表示空间分布规律。

⑤ 提出环境质量评价的结论，并在其中回答评价的目的和要求。

二、环境质量现状评价

由于近期或当前的生产开发活动或生活活动而引起该地区环境质量发生或大或小的变化，并引起人类与环境质量的价值关系发生变化，对这些变化进行的评价称为环境质量现状评价。它包括单个环境要素质量评价（如大气、水、土壤环境质量评价等）和整体环境质量综合评价，前者是后者的基础。

1. 大气环境质量现状评价

影响大气环境质量状况的因素很多，而污染是造成大气环境质量恶化的主要原因。因而大气中各污染物的浓度值是进行大气污染监测评价的最主要资料。

① 评价参数（因子）的选定　根据污染源和例行监测资料，选择带有普遍性的主要污染物作为评价参数。如尘、有害气体、有害元素和有机物浓度。

② 获取监测数据　根据选定的评价参数、污染源分布、地形、气象条件等确定恰当的布点、采样方法，设计监测网络系统，获取能代表大气环境质量的监测数据。

③ 评价方法（指数法）。

④ 大气质量评价　求得大气环境质量的综合指数以后，按照综合指数值的大小对环境质量进行分级，数值可近似地反映大气环境质量状况。

2. 水环境质量的现状评价

水质评价非常复杂，一般从三个方面来评定：一是污染强度；二是污染范围；三是污染历时。常见的评价参数有：水温、色度、透明度、悬浮固体、DO、COD、BOD_5、酚含量、氰含量、汞含量等。

3. 环境质量综合评价

考虑到各个环节要素对环境的综合影响，如水、土壤、大气、噪声等，在各个要素中确定相应评价因子，再计算各环境要素的污染指数，最后计算环境综合值，根据环境综合值得到综合评价分级，可作出环境质量综合评价图。

三、环境影响评价

识别人类行为对环境产生的影响并制定出减轻对环境不利影响的措施，这项技术性极强的工作就是环境影响评价。根据目前人类活动的类型及对环境影响程度，可分为三种类型：其一，单项建设工程的环境影响评价；其二，区域开发的环境影响评价；其三，公共政策的环境影响评价。

1. 环境影响评价的工作程序

（1）准备阶段　包括任务提出、组织队伍、制定评价方法、模拟论证和审定。

（2）实施阶段　包括资料收集、工程分析、现场调查、模拟计算等。

（3）总结阶段　包括资料汇总、专题报告、总体报告等。

环境影响评价方法有定性分析法、数学模型法、系统模型法和综合评价法。由于影响环境质量的因素过多，模型建立困难大、费时长，故常用的是定性分析法和综合评价法。

2. 环境影响评价报告书的编制

环境影响评价的成果是以报告书的形式反映出来的。其内容往往包括：总则；建设项目概况；工程分析；建设项目周围地区的环境现状；环境影响预测；评价建设项目的环境影响；环境保护措施的评述及技术经济论证，提出各项措施的投资估算；环境影响经济损益分析；环境监测制度及环境管理、环境规划的建议；环境影响评价结论。

📝 进度检查

一、判断题

    1. 水温和悬浮固体是水质评价的两个指标。   （　　）

    2. 三废是指废水、废渣和废气。   （　　）

二、简答题

    1. 什么叫环境质量评价？

    2. 环境影响评价的工作程序是什么？

学习单元 9-4 环境保护与可持续发展

学习目标： 完成本单元的学习之后，能够知道可持续发展的含义，了解其战略措施。
职业领域： 化工、石油、环保、医药、冶金、建材等
工作范围： 分析

习近平总书记指出，我国建设社会主义现代化具有许多重要特征，其中之一就是我国现代化是人与自然和谐共生的现代化。党的二十大报告指出"深入推进环境污染防治""提升生态系统多样性、稳定性、持续性"。

一、可持续发展的定义与内涵

可持续发展的概念最早在 1980 年提出，直至 1987 年世界环境与发展委员会向联合国提交的《我们共同的未来——从一个地球到一个世界》的著名报告中给予明确定义："在不危及后代人满足其环境资源需求的前提下，寻求满足当代人需要的发展途径。"这一定义在其内涵的阐述中从生态的可持续性转入社会的可持续性，提出了消灭贫困、限制人口、政府立法和公众参与的社会政治问题。

可持续发展的内涵主要体现公平性原则、连续性原则和共同性原则。

公平性原则主要包括三个方面。一是当代人的公平，即要求满足当代全球各国人民的基本要求。二是代际间的公平，即每一代人都不应该为当代人的发展与需求而损害人类世世代代满足其需求的自然资源与环境条件，应给予世世代代利用自然资源的权利。三是公平分配有限的资源，即应结束少数发达国家过量消费全球共有资源，给予广大发展中国家合理利用更多的资源以达到经济增长和发展的机会。

持续性原则要求人类应该考虑自然资源与环境的临界性，不应该损害支持生命的大气、水、土壤、生物等自然系统。持续性原则的核心是要求人类经济和社会发展不能超越资源和环境的承载能力。"发展"一旦破坏了人类生存的物质基础，"发展"本身也就衰退了。

共同性原则强调可持续发展一旦作为全球发展的共同总目标，对于世界各国所表现的公平性和持续性原则都是共同的。实现这一总目标必须采取全球共同的联合行动。

可持续发展的理论认为：人类任何时候都不能以牺牲环境为代价去换取经济的一时发展，也不能以今天的发展损害明天的发展。要实现可持续发展，必须做到保护环境同经济、社会发展协调进行。人类的生产、消费和发展，不考虑资源和环境，则难以为继；而孤立环境保护，不谈经济发展和技术进步，环境的保护就失去了物质基础。另外，可持续发展的模式是一种提倡和追求"低消耗、低污染、适度消费"的模式，来取代人类工业革命以来所形成的"高消耗、高污染、高消费"的非持续发展模式。

二、中国可持续发展的战略与对策

中国作为一个发展中国家，深受人口、资源、环境、贫困等全球性问题的困扰。联合国环境与发展会议（UNCED）之后，中国政府重视自己承担的国际义务，积极参与全球可持续发展理论的建立和健全工作。中国制定的第一份环境与发展方面的纲领性文件就是1992年8月党中央、国务院批准转发的《中国环境与发展十大对策》。

1. 实行可持续发展战略

① 加速我国经济发展、解决环境问题的正确选择是走可持续发展道路。20世纪80年代末，中国由于环境污染造成的经济损失已达950亿元，占国内生产总值的6%以上。这是传统的以大量消耗资源的粗放经营为特征的发展模式，投入多、产出少、排污量大。另一方面，传统发展模式严重污染环境，且资源浪费巨大，加大资源供需矛盾，经济效益下降。因此，经济发展必须由"粗放型"转变为"集约型"。走持续发展的道路，是解决环境与发展问题的唯一正确选择。

② 贯彻"三同步"方针。"经济建设、城乡建设、环境建设同步规划，同步实施，同步发展"，是保证经济、社会持续、快速、健康发展的战略方针。

2. 可持续发展的重点战略任务

（1）采取有效措施，防治工业污染

① 坚持"预防为主，防治结合，综合治理"和"污染者付费"等指导原则，严格控制新污染，积极治理老污染，推行清洁生产，实现生态可持续发展。主要措施是：预防为主、防治结合。严格按照法律规定，对初建、扩建、改建的工业项目，要求先评价、后建设，严格执行"三同时"制度，技术起点要高。对现有工业结合产业和产品结构调整，加强技术改造，提高资源利用率，最大限度地实现"三废"资源化。积极引导和依法管理，坚决防治乡镇企业污染，严禁对资源乱挖乱采。

② 集中控制和综合管理是提高污染防治的规模效益，实行社会化控制的必由之路。综合治理要做到：合理利用环境自净能力与人为措施相结合；集中控制与分散治理相结合；生态工程与环境工程相结合；技术措施与管理措施相结合。

③ 转变经济增长方式，推行清洁生产走资源节约型、科技先导型、质量效益型工业道路，防治工业污染。大力推行清洁生产，开发绿色产品，全过程控制工业污染。

（2）加强城市环境综合整治，认真治理城市"四害"　城市环境综合整治包括加强城市基础设施建设，合理开发利用城市的水资源、土地资源及生活资源，防治工业污染、生活污染和交通污染，建立城市绿化系统，改善城市生态结构和功能，促进经济与环境协调发展，全面改善城市环境质量。主要任务是通过工程设施和管理措施，有重点地减轻和逐步消除废气、废水、废渣和噪声这城市"四害"的污染。

（3）提高能源利用率，改善能源结构　通过电厂节煤，严格控制热效率低、浪费能源的小工业锅炉的发展，推广民用型煤，发展城市煤气化和集中供热方式，逐步改变能源价格体系等措施提高能源利用率，大力节约能源。调整能源结构，增加清洁能源比重，降低煤炭在我国能源结构中的比重。尽快发展水电、核电，因地制宜地开发和推广太阳能、风能、地热能、潮汐能、生物能等清洁能源。

（4）推广生态农业，坚持植树造林，加强生物多样性保护　中国人口众多，人均耕地少，土壤污染、肥力减退、土地沙漠化等因素制约了农业生产发展，出路在于推广生态农业，从而提高粮食产量，改善生态环境。植树造林，确保森林资源的稳定增长，可控制水土流失，保护生态环境。通过扩大自然保护区面积，有计划地建设野生珍稀物种及优良家禽、家畜、作物、药物良种的保护和繁育中心，加强对生物多样性的保护。

3. 可持续发展的战略措施

发展知识经济和循环经济是实现经济增长的两大趋势。其中发展循环经济、建立循环型社会是实施可持续发展战略的重要途径和实现方式。

所谓循环经济，就是把清洁生产和废弃物的综合利用融为一体的经济，本质上是一种生态经济，它要求运用生态学规律来指导人类社会的经济活动。循环经济倡导的是一种建立在物质不断循环利用基础的经济发展模式，它要求把经济活动按照自然生态系统的模式，组织成一个"资源-产品-再生资源"的物质反复循环流动的过程，使得整个经济系统以及生产和消费过程基本上不产生或者只产生很少的废弃物，即只有放错了地方的资源，而没有真正的废弃物。其特征是自然资源的低投入、高利用和废弃物的低排放，从根本上消解长期以来循环与发展之间的尖锐冲突。

（1）大力推进科技进步，加强环境科学研究，积极发展环保产业　解决环境与发展的问题根本出路在于依靠科技进步。加强可持续发展的理论和方法的研究、总量控制及过程控制理论和方法的研究、生态设计和生态建设的研究、开发和推广清洁生产技术的研究，提高环境保护技术水平。正确引导和大力扶植环保产业的发展，尽快把科技成果转化为现实的污染防治控制的能力，提高环保产品质量。

（2）运用经济手段保护环境　应用经济手段保护环境，促进经济环境的协调发展。做到排污收费；资源有偿使用；资源核算和资源计价；环境成本核算。

（3）加强环境教育，提高全民族环境意识　加强环境教育，提高全民族的环保意识，特别是提高决策层的环保意识和环境开发综合决策能力，是实施可持续发展的重要战略措施。

（4）健全环保法制，强化环境管理　中国的实践表明，在经济发展水平较低、环境保护投入有限的情况下，健全管理机构，依法强化管理是控制环境污染和生态破坏的有效手段。"经济靠市场，环保靠政府"。建立健全使经济、社会与环境协调发展的法规政策体系，是强化环境管理、实现可持续发展战略的基础。

4. 可持续发展的行动计划

2000 年 9 月 6 日开幕的以"把绿色带入 21 世纪"为宗旨的 2000 年中国国际环境保护博览会，充分展现了我国政府致力于保护环境的决心：国家继续加强和完善环保政策，扩大环保投资，加快环保技术和实施的国产化、专业化，推进环保产业化和污染治理市场化。

《中国可持续发展总纲（国家卷）》提出了到 2050 年中国可持续发展的战略目标。到 2050 年，中国人口的平均预期寿命可以达到 85 岁；全国人均受教育的年限从现在的 8.2 年提升到 14 年以上；中国在全国范围内基本消除"贫困"，其中到 2020 年在全国范围内基本消除"贫困县"，到 2030 年基本消除"贫困乡"，2040 年消除"贫困村"。到 2030 年中国基本实现人口自然增长率的"零增长"，2040 年基本实现能源和资源消耗速率的"零增长"，2050 年基本实现生态环境退化速率的"零增长"。到 2050 年，在整体国民经济中，科学发展的贡献率达到 75％ 以上。

三、化学工业实现可持续发展的措施

化学工业是对环境中的各种资源进行化学处理和加工转化的生产部门，其产品和废弃物具有多样化、数量大的特点。废弃物大多有害、有毒，进入环境会造成污染。有的化工产品在使用过程中造成的污染甚至比生产本身所造成的污染更严重、更广泛。由于化学工业对环境影响巨大，所以实施可持续发展对化工生产尤为重要。

1. 发展是实现化工产业可持续发展的基础

化工行业是我国的支柱产业之一，不能因为该行业有严重的环境污染隐患而使行业停滞不前。只有坚持走发展之路，采用先进的生产设备和工艺，实现化工行业的清洁生产技术，降低能耗、降低成本、提高经济效益，才能使企业为防治污染提供必要的资金和设备，才能为改善环境质量提供保障。没有经济的发展和科学技术的进步，环境保护也就失去了物质基础。

2. 积极开拓国内外市场和利用国内外资源

资源是最重要的物质基础。要在立足用好国内资源的基础上，扩大资源领域的国际合作与交流，通过国际市场的调剂和优势互补，实现我国资源的优化配置，保障资源的可持续利用。通过开拓国际、国内两个市场，获得更为丰厚的利润，为改善化工行业的环境质量提供保障。

3. 制定超前标准，促进企业由"末端治污"向"清洁生产"转变

中国是发展中国家，经济增长速度较快，环境污染的问题尽管在一些经济发达地区正日益受到重视，但总的污染状况不容乐观。因此应结合我国国民经济和社会发展规划制定出比较具体和明确的环境保护超前标准，从源头开始控制污染，向污染预防，清洁生产和废物资源化、减量化方向转变，才能促进化工企业的可持续发展。

4. 对国内化工资源进行综合深加工

针对化工资源的消耗，积极探索综合深加工的路子。如位于陕北毛乌素沙漠边缘的靖边能源化工综合利用产业园，确定以油、气、煤、盐的资源开发为依托，强势打造石油化工、天然气化工、煤化工、盐化工相结合的综合深加工企业。

5. 调整产品结构，开发清洁产品

调整产业结构，走高科技、低污染的跨越式产业发展之路，乡镇企业走小城镇集中化路子，形成集约化的产业链，是化工实现可持续发展的重要举措。

进度检查

一、填空题

1. "三同步"方针是指"经济建设、城乡建设、环境建设同步_____，同步_____，同步_____"。

2. 可持续发展的内涵主要体现_____原则、_____原则和_____原则。

二、简答题

1. 简述可持续发展的定义和内涵。
2. 到 2050 年中国可持续发展的战略目标是什么？

大力发展低碳经济

低碳经济，是以低能耗、低污染、低排放为基础的经济发展模式。我国对发展低碳经济，很早就给予了高度重视。近年来，各地区充分发挥科技在节能减排、发展低碳经济中的支撑和引领作用，积极抢占具有低碳经济特征的前沿技术制高点，攻克可再生能源与化石燃料高效清洁利用技术难关；积极推动节能减排新技术在钢铁、电力、建材、化工、农业等重点领域的推广应用；大力开展节能减排全民科技行动，取得了可喜成效，使低碳经济和节能减排观念逐步深入人心。

我国是世界上最大的发展中国家，发展低碳经济既有机遇，也有挑战。当下，我国能源仍然以煤炭为主，经济结构矛盾依然十分突出，能源利用效率不高，温室气体排放问题没有得到很好的解决。同时，积极应对全球变暖加剧，严格控制二氧化碳等温室气体排放，提高人类适应气候变化的能力，也将为我国加速经济发展方式转变带来了机会。

联合国环境规划署经济和贸易处 2011 年发布了题为《迈向绿色经济：实现可持续发展和消除贫困的各种途径》的报告，其中提出，对绿色经济等概念的关注，很大程度上是由于人们对现行经济模式的失望，以及对新千年第一个 10 年中的诸多并发危机及市场失灵产生了疲惫感，尤其是 2008 年的财政和经济危机。而与此同时，另一种发展方式日益彰显，这是一种全新的经济模式，在这种经济模式下，物质财富的实现不一定要以环境风险、生态稀缺和社会分化的日益加剧为代价，即低碳经济。

国际上，美国、日本和欧洲的发达国家正大力推进以提高能源使用效率和降低排放为核心的低碳经济转型，大力发展低碳技术，并根据这个战略目标对技术、产业、能源和贸易等政策进行相应调整。因此，中国发展低碳经济，在这一轮新的国际竞争中意义重大。

参 考 文 献

[1] 张荣，张晓东 . 危险化学品安全技术 [M] . 北京：化学工业出版社，2016.

[2] 张麦秋，唐淑贞，刘三婷 . 化工生产安全技术 [M] . 北京：化学工业出版社，2020.

[3] 孙丽丽 . 危险化学品安全总论 [M] . 北京：化学工业出版社，2021.

[4] 李涛 . 工作场所化学品安全使用 [M] . 北京：化学工业出版社，2021.

[5] 中国安全生产科学研究院 . 安全生产专业实务化工安全 [M] . 北京：应急管理出版社，2021.

[6] 王庆慧 . 化工安全管理 [M] . 北京：中国石化出版社，2018.

[7] 韩宗 . 化工 HSE [M] . 北京：化学工业出版社，2021.

[8] 张荣 . 职业安全与环境保护 [M] . 北京：化学工业出版社，2008.

[9] 杨永杰 . 化工环境保护概论 [M] . 北京：化学工业出版社，2017.

(符号:黑色,底色:橙红色)

(符号:黑色,底色:橙红色)

(符号:黑色,底色:正红色)

(符号:黑色,底色:绿色)

(符号:黑色,底色:橙红色)

(符号:黑色,底色:橙红色)

(符号:白色,底色:正红色)

(符号:白色,底色:绿色)

＊＊ 项号的位置——如果爆炸性是次要危险性,留空白。
＊ 配装组字母的位置——如果爆炸性是次要危险性,留空白。

爆炸性物质或物品　　　　**易燃气体**　　　**非易燃无毒气体**

(符号:黑色,底色:白色)

毒性气体

(符号:黑色,底色:正红色)

(符号:白色,底色:正红色)

易燃液体

(符号:黑色,底色:白色红条)

易燃固体

(符号:黑色,底色:上白下红)

易于自燃的物质

(符号:黑色,底色:蓝色)

(符号:白色,底色:蓝色)

遇水放出易燃气体物质

(符号:黑色,底色:柠檬黄色)

氧化性物质

(符号:黑色,底色:
红色和柠檬黄色)

(符号:白色,底色:
红色和柠檬黄色)

有机过氧化物

(符号:黑色,底色:白色)

毒性物质

(符号:黑色,底色:白色)

感染性物质

(符号:黑色,底色:白色,附一条红竖条)
黑色文字,在标签下半部分写上:
"放射性"
"内装物___"
"放射性强度___"
在"放射性"字样之后应有一条红竖条

一级放射性物质

(符号:黑色,底色:上黄下白,附两条红竖条)
黑色文字,在标签下半部分写上:
"放射性"
"内装物___"
"放射性强度___"
在一个黑边框格内写上:"运输指数"
在"放射性"字样之后应有两条红竖条

二级放射性物质

(符号:黑色,底色:上黄下白,附三条红竖条)
黑色文字,在标签下半部分写上:
"放射性"
"内装物___"
"放射性强度___"
在一个黑边框格内写上:"运输指数"
在"放射性"字样之后应有三条红竖条

三级放射性物质

(符号:黑色,底色:白色)
黑色文字
在标签上半部分写上:"易裂变"
在标签下半部分的一个黑边
框格内写上:"临界安全指数"

裂变性物质

(符号:黑色,底色:上白下黑)

腐蚀性物质

(符号:黑色,底色:白色)

杂项危险物质和物品